机械工程基础实验指导

（第二版）

毕文波　朱振杰　李　慧　主编

山东大学出版社
SHANDONG UNIVERSITY PRESS
·济南·

图书在版编目(CIP)数据

机械工程基础实验指导/毕文波,朱振杰,李慧主编. —济南:山东大学出版社,2022.8

ISBN 978-7-5607-7610-1

Ⅰ. ①机… Ⅱ. ①毕… ②朱… ③李… Ⅲ. ①机械工程—实验—高等学校—教学参考资料 Ⅳ. ①TH-33

中国版本图书馆 CIP 数据核字(2022)第 158472 号

责任编辑 李 港
封面设计 王秋忆

出版发行 山东大学出版社
社 址 山东省济南市山大南路 20 号
邮政编码 250100
发行热线 (0531)88363008
经 销 新华书店
印 刷 山东和平商务有限公司
规 格 787 毫米×1092 毫米 1/16
10 印张 225 千字
版 次 2022 年 8 月第 1 版
印 次 2022 年 8 月第 1 次印刷
定 价 42.00 元

前　言

“机械工程基础实验”是一门面向机械工程专业低年级本科生开设的、综合多门机械类主干专业课程知识内容的综合实践课程。课程以典型机器的拆装测绘综合实践为依托,综合图学、公差、工程训练、机械设计基础等多门课程知识内容,以项目式教学和团队式教学为教学组织形式。课程自2016年始面向山东大学机械工程学院本科生开设,经过近年来的教学经验积累,逐渐形成了较为完善的实践教学方案。

本书旨在以“机械工程基础实验”课程为载体,以典型机器拆装测绘综合实验项目为引领,有针对性地开展基础实践能力、学生团队协作能力、自我学习与自我管理能力的培养,在课程中强调机械基础知识综合理解与应用,突出工程问题解决能力培养。学习本课程的学生既需要注意团队协作,又需要发挥个体主动性,不仅需要综合运用前期课程的基础知识,还需要自学必要的新知识。学习本课程,可以培养大学生的专业素养、主动学习能力、书面表达和语言表达能力、分析问题和解决问题能力,培养具有团队协作和更强竞争力的创新人才。

本书紧密围绕课程实践内容,选取编写了11个实验项目,包括机构及零部认知、零件草图绘制、CAD、运动仿真、工具与量具的使用、公差与粗糙度的测量等基础实验,以及机器拆装与测绘综合开放实验项目。本书既可配合“机械工程基础实验”或类似课程使用,又可供机械工程专业低年级大学生学习参考。

本书由毕文波、朱振杰、李慧担任主编。毕文波编写实验二、实验十、实验十一,朱振杰编写绪论、实验一,李慧、杜付鑫、魏枫展编写实验三、实验四,杨春凤、刘雪飞编写实验五、实验六、实验七、实验八,李淑颖编写实验九。全书由毕文波统稿。

由于编者水平有限,书中不妥之处在所难免,望广大读者提出宝贵的意见和建议,以便改版时修订。

编　者

2022年8月

目　录

绪　论

一、课程性质与目的

本书以“机械工程基础实验”课程为载体,依托国家级机械工程实验教学中心(山东大学),综合团队式教学(Team-Based Learning,TBL)和项目式教学(Problem-Based Learning,PBL)两种教学模式,以综合性机械拆装测绘实践活动为主线,培养学生的机械工程基础实践能力、理论联系实际能力和工程意识,并兼顾组织能力、团队协作能力和发现问题、分析问题、解决问题能力的综合素质培养。

二、课程的实施方案

(一)培养模式

为了培养学生的团队协作能力,更好地适应未来的实际工作环境,本课程采用 TBL 和 PBL 培养模式。将学生按一定原则划分成团队,该团队在本课程的实施过程中是相对稳定的,并按相关原则动态管理。在项目实施过程中,是学生团队而不是单一学生完成整个课程项目要求,教师以学生团队为考核对象。

1.教学组织

本课程的教学组织形式以学生团队为单位进行管理和考核,形成以学生为中心和以学生自主学习训练为主、教师指导为辅的团队教学模式。

学生团队类似于工程实际中的项目团队。团队成员之间通过共同完成项目任务,在实践中教学相长,互相学习和帮助,形成团结协作和合力,并在完成任务过程中体会互相合作带来的益处。为便于教学,本课程学生团队的规模一般由 3～4 人组成,并制定完善的动态管理制度,教师授权团队有权“解雇”不合作团队成员,也允许个别团队成员从团队中“辞职”并转投其他学生团队。

基于教学和人才培养的需求,学生团队构建时应体现以下原则:专业擅长不同,能力互补;便于课余时间组织团队讨论;避免孤立个别同学。为了避免个别同学无法在团队中发挥作用,甚至可能被孤立,学生团队构建时尽量按照全部男生、全部女生、男女各半、女生占多数的原则组成团队,尽量避免只有一名女生的组团方式。

完善的团队运行机制是学生团队有效运行的保证。团队不同于小组,对于一个小组来说，整体等于或小于个体之和。对于团队来说，整体总是大于个体之和。要把小组转变成有效的团队，首先要明确团队工作方针和形成共同的预期目标。为此，需先签订团队政策声明和团队预期目标协议。团队政策声明用于指导学生团队有效运作、规定成员的角色和责任、明确完成和提交作业的程序、处理不合作的成员。签订团队预期目标协议有两个目的：一是使团队全体成员确定可实现的共同预期目标；二是作为团队的法律文件，避免成员相互抱怨。

团队政策声明中的内容以及成员角色可根据项目的不同而变化，在项目实施过程中团队成员的角色可以转换。

2.常见问题及处理办法

团队成员间的协作能力不是与生俱来的，所以在日常工作中也会出现一些常见问题，例如：

其一，团队中有成员不顾自己的角色分工，只做自己想做的工作。团队成员应认真对待自己的角色，这样大家的工作才会顺利完成，而且不同角色的职能在实际工作中都是有用的。要想掌握这些职能的技能，就需要通过担当相应的角色，体会相应的过程。

其二，把团队项目分解，然后各自独立完成，最后堆积在一起，形成完整的作业。在团队提交任何作业的时候，必须保证每位成员都掌握了全部内容。在随后的考查和答辩中，任何成员不仅要清楚自己分担的工作，还要掌握设计项目的全部。

其三，团队所有成员集体同时解决项目中的所有问题。这种现象可能导致个别成员解决所有问题，大多数成员没有发表意见的机会，失去团队教学的意义。正确的做法应当是针对项目中的问题，每个人独立准备方案，然后再在一起详细讨论并得出最终结论。

其四，团队成员的目标差异较大，有人想得优秀，有人却认为及格已经足够了。关于这一点，在团队工作之初的预期目标中，必须有明确的说明。

3.团队动态管理

为形成有效的工作团队，对团队成员试行“解雇”和“辞职”的动态管理。如果某成员很少参加团队工作，对团队工作极不负责，就不应当在上交的最后作业中署名。为避免出现个别团队成员不劳而获的行为，授权团队有权“解雇”不积极参加团队工作的成员，也允许个别团队成员从团队中辞职并转投其他团队。关于队员“解雇”与“辞职”，首先是全体团队成员集体约见指导教师，讨论已出现的问题和可能的后果，阐明利害。如还不能解决问题，对“解雇”或“辞职”的队员，经过指导教师组认真讨论，实施“解雇”或“辞职”。对于“辞职”及“被解雇”的团队成员，要自己找到可以作为第四人加入的、由三人组成的团队，如不能找到接收的团队，该成员的项目设计成绩为零分。

（二）主要教学环节

学生团队应按照课程要求，分三个阶段完成以下工作。

第一阶段：基础实验。实验内容主要是本课程中需要、但之前课程和实践中没有开展的实验内容，本书涵盖了课程中主要的基础实验项目。每位参加课程学习的学生均要参加此阶段的学习，并取得各自成绩。

第二阶段：综合实验。学生团队按照选题提出的内容和工作计划，完成项目的工作内容。在项目实施过程中需关注以下工作：

(1)按照所确定的综合实验项目的需要，进行实验室预约。

(2)在项目执行过程中详细记录工作日志。工作日志应包括学生团队组织开展项目的时间、地点、参加人员、工作内容、意见分歧和解决方案。工作日志应撰写规范，随时备查，并作为成绩考核依据之一。

第三阶段：总结与答辩。在综合实验项目实施完成后，总结实验工作的具体内容及结论、工作体会、意见建议等。在答辩时，要求使用幻灯片进行演示，语言流畅，逻辑性强，团队中的全体成员集体参加，分阶段轮流讲解。

(三)考核方式

本课程依据学生团队的平时工作为主要考核依据，指导教师按照每位成员的基础实验情况确定全队的实验成绩，详细成绩组成如下：

第一，基础实验成绩(20%)，主要考查实验参与和实验完成情况。

第二，综合实验成绩(60%)，测绘后完成的图纸、草图等。

第三，工作日志、团队文档成绩(10%)。

第四，答辩成绩(10%)。

团队项目成绩确定以后，通过团队成员间的相互评议，确定团队每位成员的具体成绩。团队成员间的相互评议，是改善团队工作、提高团队协作能力、调整团队内成员成绩差异的有效措施。为培养学生的科研素养和团队协作能力，团队成员间的相互评议包含两个方面：一是相互评价团队成员对最终设计项目结果的贡献；二是评价团队成员在团队项目设计工作中团结协作、互相帮助、承担团队责任与义务方面的情况。不论对最终结果的贡献大小，如果该团队成员能够对团队工作认真负责、积极参与、团结互助，就应该得到与团队整体成绩相对应的个人成绩。团队成员相互评议后，根据评议结果，计算团队成员成绩调整系数，调整团队成员间的成绩差异，具体方法可参照表0-1。根据成绩考核规定，团队成员个体的成绩最高为满分。

表0-1　团队成员成绩调整示例

团队总成绩	80(由指导教师组确定)							个人成绩
姓名	张评价	王评价	李评价	赵评价	个人平均	团队平均	调整系数	
张××	87.5	87.5	75.0	87.5	84.4	82.0	1.02	82.0
王××	87.5	100.0	87.5	87.5	90.6	82.0	1.05	84.0
李××	62.5	75.0	50.0	75.0	65.6	82.0	0.80	64.0
赵××	87.5	87.5	87.5	87.5	87.5	82.0	1.05	84.0

实验一　机构与零部件认知

☆机构认知☆

一、实验目的

通过观看机构(10个陈列柜、77种机构)的运动,学生了解各种机构的基本结构、工作原理、特点、功能及应用。

二、实验内容

第一柜　序言

1.单缸汽油机模型

单缸汽油机把燃气的热能通过曲柄滑块机构转换成曲柄转动的机械能,采用齿轮机构来控制各气缸的点火时间,同时还采用凸轮机构来控制进气阀和排气阀的开与关。

2.蒸汽机模型

利用曲柄滑块机构,将蒸汽的热能转换为曲柄转动的机械能。用连杆机构来控制进气和排气的方向,以实现倒顺车。

3.家用缝纫机

为了达到缝纫目的,采用多种机构相互配合来实现这一工作要求。例如针的上下运动是由曲柄滑块机构的滑块来实现的,挑线动作是由圆柱凸轮机构来完成的,摆梭运动和送布运动都是由几组凸轮机构相互配合来实现的。

问题1:以上三种机器模型的共同特点是,机器是由____________组成的,当有多个机构时,它们应当按照一定的要求互相配合。

第二柜　平面四连杆机构的基本知识

平面连杆机构是被广泛应用的机构之一，而最基本的是四连杆机构，通常被分为三大类。第一类基本形式是铰链四杆机构，有三种运动形式。

4.曲柄摇杆机构

它以最短杆相邻的杆作为机架，而最短杆能相对机架回转360°，故成为曲柄。

问题2-1：在曲柄等速运转时，摇杆做变速摆动，在右面的机构中摆杆向右面摆动慢，而向左面摆动快，这种现象称为__________特性。在左面机构中的急回特性就不很明显。

5.双曲柄机构

当取最短杆为机架时，这时与机架相连的两杆均成为曲柄，所以这个机构称为双曲柄机构。注意观察，当一个曲柄等速运转时，另一个曲柄在右半周内转动慢，在左半周内转动快。双曲柄机构也具有急回特性。

6.双摇杆机构Ⅰ

当取蓝色的杆为机架时，则与机架相连的两杆均不能整周回转，而只能来回摆动，所以此机构称为双摇杆机构。

问题2-2：从上面机构的运动中可以看到，在有曲柄存在时，取不同的构件为机架，可以得到铰链四杆机构的__________种形式。

7.双摇杆机构Ⅱ

从外表看，它与上面的铰链四杆机构相似，但它的红、蓝、白三杆长度是相等的。因此，同样由黑杆作为机架，但得不到曲柄，并且无论取哪个杆为机架均没有曲柄出现。

平面四杆机构的第二类基本形式是带有一个移动副的四杆机构，它是以一个移动副代替铰链四杆机构中的一个转动副而演变得到的，简称单移动副机构。

8.曲柄滑块机构

它是应用最多的一种单移动副机构，可以将转动变为往复移动，或将往复移动变为转动。但是，当曲柄匀速转动时，滑块的速度则是非匀速的。取不同构件为机架，我们还可得到下面几种不同运动形式的单移动副机构。

9.曲柄摇块机构

蓝杆为机架，红杆称为曲柄。黑杆绕固定点摆动，也有急回特征。

10.转动导杆机构

以红杆为机架，其他两杆均为曲柄，黑杆称为导杆。

11.移动导杆机构

以滑块为机架，此机构没有曲柄。

平面连杆机构的第三类基本形式是带有两个移动副的四连杆机构,简称双移动副机构。取不同构件为机架,可得到三种形式的四连杆机构。

12.曲柄移动导杆机构

黑杆做简谐移动,所以又叫做正弦机构,常用于仪器仪表中。

13.双滑块机构

在机构上除连杆中点的轨迹为圆以外,其余所有点的轨迹均为椭圆,所以也叫做画椭圆机构。

14.转块机构

这种机构如果以某一转块作为等速回转的原动件,则从动转块亦做等速回转,而且转向相同。当两个相互平行的转动轴间的距离很小时,可采用这种机构。这种机构通常作为联轴器使用,所以称为十字滑块联轴器。

第三柜　机构运动简图及平面连杆机构的应用

15.油泵模型Ⅰ

泵体上右边的孔是进油孔,左边的孔是出油孔。

16.油泵模型Ⅱ

它的工作原理与油泵模型Ⅰ一样。

17.颚式破碎机

它是一个平面六杆机构,用来粉碎矿石。

问题 3-1:平面连杆机构的第一种应用类型是实现给定的________________。

18.“飞剪”

剪切钢板的工艺要求是:剪切区域内上、下两个刀刃的运动,在水平方向的分速度相等,而且又等于钢板的运行速度。这里采用了曲柄摇杆机构,它很巧妙地利用连杆上一点的轨迹和摇杆上一点的轨迹相结合来完成剪切工作。

19.压包机

冲头在完成一次压包冲程后有一段停歇时间,以便于进行上、下料工作。

20.铸造造型机翻转机构

它是一个双摇杆机构,当砂箱在振动台上造型振实后,利用该机构的连杆将砂箱由下面经过 180°的翻转搬运到上面位置,然后取模,完成一次造型工艺,是实现两个给定的不同位置要求的机构。

21.电影摄影升降机

摄影机的工作台要求在升降过程中始终保持原有的水平位置。这里采用了一个平行四边形机构。工作台设在它的连杆上,这样就保证了工作台在升降过程中始终保持水平位置。

问题 3-2:平面连杆机构的第二种应用类型是实现给定的________。

22.港口起重机

它是一个双摇杆机构,在连杆上的某一点有一段近似直线的轨迹,起重机的吊钩就是利用这一直线轨迹,使重物做水平移动,避免不必要的升高重物而消耗能量。

第四柜　凸轮机构

凸轮机构常用于将主动构件的连续运动转变为从动构件的往复运动。只要适当地设计凸轮廓线,便可使从动件获得任意的运动规律。由于结构简单而紧凑,因此凸轮机构被广泛地应用于各种机械、仪器和操纵控制装置中。

凸轮机构的主要组成部分和基本形式如下:

23.凸轮机构

凸轮机构主要由三部分组成。

(1)凸轮:有特定的廓线。

(2)从动件:由凸轮廓线控制,按预期的规律做往复移动或摆动。

(3)锁合装置:使凸轮与从动件在运动过程中始终保持接触而采用的装置。

24.移动凸轮机构

凸轮做直线往复运动,它可看成是转轴在无穷远处的盘形凸轮。

25.槽凸轮机构

从动件端部嵌在凸轮的沟槽中,以保证从动件的运动。

26.等宽凸轮机构

凸轮的宽度始终等于平底从动件框架的宽度,因此凸轮与平底可始终保持接触。

27.等径凸轮机构

在任何位置时,从动件的两滚子中心到凸轮转动中心的距离之和都等于一个定值。

28.主回凸轮机构

它用两个固结在一起的盘状凸轮来控制一个从动件。这两个凸轮一个称为主凸轮,控制从动件的工作行程。另一个称为回凸轮,控制从动件的回程。

29.空间凸轮机构

凸轮和从动件的运动平面不是互相平行的,一般根据它们的外形分别进行命名,从左向右分别是球面凸轮、双曲面凸轮、圆锥体凸轮和圆柱凸轮。

问题 4:利用重力、弹簧力或其他外力,使从动件与凸轮始终保持接触的锁合方式称为________。若利用凸轮和从动件的高副几何形状,使从动件与凸轮始终保持接触的锁合方式称为________。

第五柜　齿轮机构的类型

本陈列柜介绍齿轮机构的各种类型,若根据主动轮与从动轮的相对位置,可将齿轮传动分为平行轴传动、相交轴传动和相错轴传动三大类。

第一种类型为传递两平行轴之间的运动和动力的齿轮机构。

30.外啮合直齿圆柱齿轮机构

它是齿轮机构中最简单、最基本的一种类型,在学习中一般以它为研究重点,从中找出齿轮传动的基本规律,并以此为指导去研究其他类型的齿轮机构。

31.内啮合直齿圆柱齿轮机构

它的主、从动齿轮之间转向相同,在同样的传动比情况下,所占空间小。

32.齿轮齿条机构

它主要用在将转动转变为直线移动或将移动转变为转动的场合。

33.斜齿轮圆柱齿轮机构

它的轮齿沿螺旋线方向排列在圆柱体上,螺旋线方向有左旋和右旋之分。

问题 5:斜齿轮圆柱齿轮机构的传动优点是____________、____________________________和________________。缺点是因由轮齿倾斜而产生,故使轴承受到附加的轴向推力。

34.人字圆柱齿轮机构

它可看成由左、右两排对称形状的斜齿轮机构组成。因轮齿左右两侧完全对称,所以两个轴向力互相抵消。人字齿轮传动常用于冶金、矿山等设备中的大功率传动。

第二种类型为传递两相交轴之间的圆锥齿轮机构。

它的轮齿分布在一个截锥体上,两轴线的夹角可任意选择,一般常采用的是90°。因轴线相交,两轴孔难以达到很高的相对位置精度,而且其中一个齿轮为悬臂安装,故圆锥齿轮的承载能力和工作速度都较圆柱齿轮低。

35.左面是直齿圆锥齿轮机构,制造容易,用途较广。右面是曲线圆锥齿轮机构,比直齿圆锥齿轮机构传动平稳,噪声小,承载能力大。此机构可用于高速重载的传动。

第三种类型为传递相错轴运动和动力的齿轮机构。

36.面的机构是螺旋齿轮机构,它是由螺旋角不同的两个斜齿轮配对组成的。在理论上,两齿面为点接触,所以轮齿易磨损,效率低,故不宜用在大功率和高速传动中。

下面的机构是螺旋齿轮齿条机构,它的特点与螺旋齿轮机构相似。

37.圆柱蜗杆蜗轮机构

两轴夹角为90°,传动特点是传动________,噪声______,传动比______,一般单级传动比为8～1000,因而结构紧凑。

38.弧面蜗杆蜗轮机构

弧面蜗杆的外形是圆弧回转体。蜗杆与蜗轮的接触齿数较多，降低了齿面的接触应力，其承载能力为普通圆柱蜗杆蜗轮传动的1.4～4倍，但是它的制造复杂，装配条件要求较高。

第六柜　齿轮机构参数

39.渐开线的形成

渐开线是以一条直线沿着一个圆周做纯滚动时，直线上任意一点的轨迹。这条直线称为发生线，这个圆称为基圆。观察发生线、基圆、渐开线三者的关系，可以发现渐开线的一些性质。

问题6-1：渐开线的形状取决于__________的大小；__________是渐开线的法线，而且切于基圆；基圆内无渐开线；发生线沿基圆滚过的长度，等于基圆上滚过的圆弧长度。

40.摆线的形成

一个圆在另一个固定的圆上滚动时，滚圆上任一点的轨迹，就是摆线。滚圆称为发生圆，固定圆称为基圆。它们有以下几种情况：动点在滚圆的圆周上时，所得的轨迹称为外摆线；动点在滚圆的圆周内时，所得的轨迹称为短幅外摆线；动点在滚圆的圆周外时，所得的轨迹称为长幅外摆线。

41.齿形对比

问题6-2：当齿数无穷多时，渐开线齿廓变成__________，齿轮变成__________。

问题6-3：相同的齿数，模数大的齿轮轮齿周向尺寸和径向尺寸__________。

问题6-4：渐开线齿廓上各点的压力角是不同的，越接近基圆压力角越__________，渐开线在基圆处的压力角为__________。国家标准规定，齿廓上分度圆的压力角为20°与15°两种，常用的为__________。

第七柜　周转轮系

由多对齿轮组成的传动系统称为轮系。在轮系中有一个或几个齿轮的几何轴线绕固定轴线回转时，称为周转轮系。它分两大类。

42.第一类是差动轮系。在周转轮系中，大齿轮和转臂都是主动轮，所以它有两个活动度，这种周转轮系称为差动轮系。

43.第二类是行星轮系。大齿轮固定不动，机构的活动度为1。此时周转轮系称为行星轮系。

44.如果把这个轮系中的转臂固定不动，这时周转轮系就变为定轴轮系。

45.获得大传动比的轮系

该行星轮系全部由外啮合齿轮组成，当每一对啮合齿轮采用少齿差时，可获得很大的传动比。行星轮系传动比越大，传动效率越低。

46. 现特定运动的轮系

轮系是采用了三个大小相等的齿轮串联起来组成一个行星轮系，这样外端齿轮的转速为零，做平动。

47.差动轮系

差动轮系可将一个运动分解为两个运动，同样也可将两个运动合成为一个运动。

48.旋轮线

在周转轮系中，行星轮上某点的运动轨迹称为旋轮线。

49.用于传动的轮系

这一类形式适合于传递功率，因此可做成行星减速器。它结构紧凑，效率也不低，其一级传动比为1.2～12。这个行星轮系现在的传动比为7。

50、51.汽车差速器

当需要将一个主动件的转动按所需比例分解为两个从动件的转动时，可采用差动轮系。例如汽车后轮的差速转动装置：当汽车沿直线行驶时，左、右两轮转速相等。当汽车转弯时，如向左转弯，左轮转动慢，右轮转动快。

52.谐波齿轮减速器

谐波齿轮减速器的最大特点是，它有一个柔轮。柔轮是一个弹性元件，可利用它的变形来实现传动。

问题7-1：谐波齿轮减速器的特点是：________大，________少、小，同时啮合的齿数________。

53. 摆线针轮行星齿轮减速器

问题7-2：摆线针轮行星齿轮减速器的优点是：________小、________轻、________能力大、________高、________平稳等。

第八柜　停歇和间歇运动机构

54.齿式棘轮机构

机构运动可靠，结构简单，棘轮运动角只能作有级调整。回程时，棘爪在齿面上滑过，引起噪声和齿尖磨损。通常用于低速和传动精度要求不高的场合。

55.摩擦式棘轮机构

结构简单，制造方便，棘轮运动角可作无级调整。由于是摩擦传动，所以棘爪与轮的接触过程无噪声，传动平稳，但很难避免打滑，因此运动的准确性较差。该结构常用于超越离合器。

56.外啮合槽轮机构

槽轮机构也具有构造简单、制造容易、工作可靠和机械效率高等特点。但它在工作时有冲击，随着转速的增加及槽轮数的减少而加剧，故不宜用于高速，适用范围受到一定的限制。外啮合槽轮机构是槽轮机构中用得最多、最广的。

57.内啮合槽轮机构

当要求槽轮停歇时间短、传动较平稳、占用空间尺寸小，以及槽轮机构主、从动件的转动方向相同时，可采用内啮合槽轮机构。

58.球面槽轮机构

上面两种槽轮机构都是传递平行轴之间的间歇运动，现在运转的机构传递的是相交轴之间的间歇运动。由于槽轮做成了半球形，所以叫做球面槽轮机构。

59.渐开线不完全齿轮机构

它的外形特点是轮齿不布满于整个圆周上。各种不同的齿轮式间歇运动机构都是由齿轮机构演变而成的。

60.摆线针轮不完全齿轮机构

它的轮齿也不布满于整个圆周上，且不论是哪种齿轮式间歇运动机构，其特点都是运动时间与停歇时间之比不受机构的限制，工位数可任意配置。从动件在进入啮合和脱离啮合时有速度突变，冲击较大。此机构一般适用于低速、轻载的工作条件。

61.凸轮式间歇机构

它利用凸轮与转位拨销的相互作用，将凸轮的连续转动转换为转盘的间歇运动，结构简单，运转可靠，传动平稳，适用于高速间歇传动的场合。

62.停歇曲柄连杆机构

它利用连杆上某点所描绘的一段圆弧轨迹，将从动的另一连杆与此点相连，取其长度等于圆弧的半径，这样当每一循环到此段圆弧时从动滑块停歇。

63.停歇导杆机构

导杆槽中线的某一部分用圆弧做成，其圆弧半径等于曲柄的长度，这样机构在左边极限位置时具有停歇特性。

第九柜　组合机构

组合机构是由几个基本机构组合而成的。基本机构有一定的局限性，无法满足多方面的要求。组合机构扩大了基本机构的使用范围，综合了基本机构的优点，因此得到了广泛的应用。

64. 程扩大机构

它由连杆机构与齿轮机构组合，滑块与扇形齿轮相连，通过扇形齿轮的往复摆动扩大了滑块的行程。

65.换向传动机构

它由凸轮机构和齿轮机构组成。这里采用了逆凸轮，只要设计不同的凸轮廓线就可得到不同的输出运动规律，而且从动件还有急回特征。

66.齿轮连杆曲线机构

它由齿轮和连杆组成，可以实现较复杂的运动轨迹，轨迹的形状取决于连杆机构的尺寸和齿轮的传动比。这种轨迹不是单纯的连杆曲线，也不是单纯的摆线，因此，称它为齿轮连杆曲线，它比连杆曲线更复杂、更多样化。

67.实现给定的运动轨迹的机构

它由凸轮机构和连杆机构组成。选取一个两自由度的平面五杆机构，然后根据给定的轨迹设计凸轮廓线。这种组合机构设计方法比较容易，因此被广泛采用。

68.变速运动机构

它由凸轮机构和差动轮系组成。凸轮的摆杆设在行星轮上。当轮系的转臂旋转时，摆杆沿固定凸轮表面滑动，使行星轮产生附加的、绕自身轴线的转动，这样中心轮的运动为两个旋转运动的合成。改变凸轮轮廓，则可得到从动件极其多样的运动规律。

69.同轴槽轮机构

曲柄主动，连杆上的圆销拨动槽轮转动，槽轮转动结束后，滑块的一端进入槽轮的径向槽内，将槽轮可靠地锁住。这个机构的特点是槽轮启动时无冲击，从而改善了槽轮机构的动力特性，提高了槽轮的旋转速度。

70.误差校正装置

它是精密滚齿机的分度校正机构。当蜗轮副精度达不到要求时，可设计这套校正机构。这里采用了凸轮机构，凸轮与蜗轮同轴，凸轮转动便推动摆杆去拨动蜗杆轴向移动。这时蜗轮得到了一个附加运动，从而校正了蜗轮的转动误差。

71.电动马游艺装置

锥齿轮运载着曲柄摇块机构，曲柄摇块机构完成马的高低位置和马的俯仰动作，锥齿轮起运载作用的同时完成马的前进动作。这三个运动合成后，马就显示了飞奔前进的生动形象。

第十柜　空间连杆机构

它常用于传递不平行轴间的运动，使从动件得到预期的运动规律或轨迹。与平面连杆机构相比，有结构紧凑、运动多样化等特点。因此，空间连杆机构在农业机械、轻工业机械、飞行器、机械手以及仪表等器械中已得到大量应用。

本陈列柜将介绍一些基本的空间连杆机构以及它们的应用。空间连杆机构中的四杆机构是最常用的。空间连杆机构的运动特征在很大程度上与运动副的种类有关,所以,常用运动副排列次序来作为机构的代号。

72.RSSR 空间机构

该机构由两个转动副 R 和两个球面副 S 组成,常用于传递交错轴间的运动。这里是曲柄摇杆机构,若改变构件的尺寸,可设计成双曲柄或双摇杆空间机构。

73.RCCR 联轴节

此联轴节含有两个转动副和两个圆柱副所组成的特殊空间四杆机构,一般应用于传递夹角为 90°的两相交轴之间的转动。在实际应用中,连接两转盘的连杆可采用多根,以改善传力状况。此机构常应用在仪表的传动机构中。

74.4R 万向节

它有四个转动副,且转动副的轴线都汇交于一点,具有球面机构的结构特点。万向联轴节用来传递相交轴间的转动,两轴的夹角可在 0°～40°内选取,故得到万向联轴节的美名。它是一种常见的球面四杆机构,两轴的中间连杆常制成受力状态较好的盘状或十字架形状,而两轴端则制成叉状。一个万向节传动时,主动轴与从动轴之间的转速是不等的,而采用双万向节时可以得到主动轴与从动轴之间相等速度的传动。

75.4R 揉面机构

空间机构中连杆的运动比平面机构复杂多样,因此空间机构适宜在搅拌机中应用。在这个 4R 揉面机构中,连杆的摇晃运动和连杆端部的轨迹,再配合容器的不断转动,可达到揉面的目的。

76.RRSRR 角度传动机构

这是含有一个球面副和四个转动副的空间五杆机构,机构的特点是输入与输出轴的空间位置可任意安排。此机构也是一种联轴节,当球面副两侧的构件采用对称布置时可获得两轴转速相同的传动。

77.萨勒特机构

它是一个空间六杆机构,其中一组构件的平行轴线通常垂直于另一组构件的轴线,当主动构件做往复摆动时,机构中的顶板相对固定底板做平行的上下移动。

☆机械零件认知☆

一、实验目的

学生通过参观陈列室(18 个陈列柜),了解各种通用零部件的基本结构、特点、功能及应用。

二、实验内容

连接及连接件

机械是由各种不同的零件按一定的方式连接而成的。根据使用、结构、制造、装配、维修和运输等方面的要求，组成机器的各零件之间采用了各种不同的连接方式。

机械连接按照机械工作时被连接件间的运动关系，分为动连接和静连接两大类。被连接件间能按一定运动形式做相对运动的连接称为动连接，如花键、螺旋传动等；被连接件间相互固定、不能做相对运动的连接称为静连接，如螺纹连接、普通平键连接等。

按照连接件拆开的情况不同，连接分为可拆连接和不可拆连接。允许多次装拆、无损于使用性能的连接称为可拆连接，如螺纹连接、键连接和销连接等；必须破坏连接中的某一部分才能拆开的连接称为不可拆连接，如焊接、铆接和黏接等。

按照传递载荷的工作原理不同，连接又可分为力闭合(摩擦)、形闭合(非摩擦)和材料锁合的连接形式。力闭合(摩擦)连接靠连接中配合面间的作用力(摩擦力)来传递载荷，如受拉螺栓、过盈连接等；形闭合(非摩擦)连接通过连接中零件的几何形状的相互嵌合来传递载荷，如平键连接等；材料锁合连接利用附加材料分子间作用来传递载荷，如黏接、焊接等。

第一、二柜　螺纹连接1

螺纹连接是利用螺纹零件构成的一种应用极为广泛的可拆连接。

根据螺纹牙的形状，螺纹可分为________、________、________和锯齿形等。

根据螺旋线的绕行方向，螺纹可分为左旋螺纹和右旋螺纹两种。在机械中一般采用______螺纹。

根据螺旋线的数目，螺纹又可分为单线螺纹和多线螺纹。单线螺纹常用于连接，多线螺纹常用于传动。

根据螺纹分布的位置，螺纹可分为外螺纹和内螺纹。内、外螺纹旋合组成的运动副称为螺纹(螺旋)副。

螺纹连接件多为标准件，常用的有________、________、________和________等。

螺纹连接的防松措施按防松原理分为________、________、黏合防松和破坏螺纹副关系防松等方式。

影响螺栓强度的因素很多，有材料、结构、尺寸参数、制造和装配工艺等。提高螺栓强度的常见措施有：

第一，改善螺纹牙间的载荷分布。用普通螺母时，轴向载荷在旋合螺纹各圈间的分布是不均匀的。从螺母支承面算起，第一圈受载最大，以后各圈递减。理论分析和实验证明，旋合圈数越多，载荷分布不均的程度也越显著，到第 8～10 圈以后，螺纹几乎不受载荷。所以，采用圈数多的厚螺母并不能提高连接强度。若采用悬置（受拉）螺母，则螺母锥形悬置段与螺栓杆均为拉伸变形，有助于减少螺母与栓杆的螺距变化差，从而使载荷分布比较均匀。

第二，避免或减小附加应力。由于设计、制造或安装上的疏忽，有可能使螺栓受到附加弯曲应力，这对螺栓疲劳强度的影响很大，应设法避免。例如在铸件或锻件等未加工表面上安装螺栓时，常采用凸台或沉头座等结构，经切削加工后可获得平整的支承面。

第三，减小应力集中。纹的牙根、螺栓头部与栓杆交接处，都有应力集中，是产生断裂的危险部位。其中，螺纹牙根的应力集中对螺栓的疲劳强度影响很大，可采取增大螺纹牙根的圆角半径、在螺栓头过渡部分加大圆角或切制卸载槽等措施来减小应力集中。

第四，减小应力幅。当栓的最大应力一定时，应力幅越小，疲劳强度越高。在工作载荷和剩余预紧力不变的情况下，减小螺栓刚度或增大被连接件的刚度都能达到减小应力幅的目的，但预紧力则应增大。减小螺栓刚度的措施有：适当增大螺栓的长度；部分减小栓杆直径或作成中空的结构即柔性螺栓。在螺母下面安装弹性元件，也能起到柔性螺栓的效果。柔性螺栓受力时变形量大，吸收能量作用强，也适于承受冲击和振动。为了增大被连接系统的刚度，不宜用刚度小的垫片。

第五，改善制造工艺。制造工艺对螺栓的疲劳强度有很大影响，对于高强度钢制螺栓更为显著。采用辗制螺纹时，由于冷作硬化的作用，表层有残余压应力，金属流线合理，螺栓疲劳强度比车削的高。

第三柜　键、销和花键连接

键连接由键、轴与轮毂组成，主要用来实现轴与轴上零件（如齿轮、联轴器等）之间的周向固定，以传递转矩。其中，有些键连接还能实现轴向固定以传递轴向载荷，有些则能构成轴向动连接。

键连接是标准件，土要类型有________、________、______和切向键等几大类。

花键连接是由周向均布多个键齿的花键轴和具有相应键齿槽的轮毂孔相配合而组成的可拆连接。花键连接为多齿工作，工作面为齿侧面，其承载能力高，对中性和导向性能好，对轴和毂的强度削弱小，适用于载荷较大、对中性要求较高的静连接和动连接。

花键连接按其齿的形状不同，常用的有__________和渐开线花键两种，且两者均已标准化。

销连接主要用作装配定位，也可用作连接（传递不大的载荷）、防松以及安全装置中的过载剪断元件。

常用的销连接类型有______销、______销、销轴、带孔销、开口销和安全销等，其均已标准化。

第四柜　铆焊黏和过盈连接

铆接是将铆钉穿过被连接件的预制孔经铆合后形成的不可拆卸连接。铆接的工艺简单、耐冲击、连接牢固可靠，但结构较为笨重，被连接件上有铆钉孔，使其强度削弱，铆接时噪声很大。铆接主要用于桥梁、造船、重型机械、飞机制造等领域。

焊接是利用局部加热的方式使两个零件在连接处熔融而构成的不可拆卸连接。与铆接相比，焊接结构重量轻，节省材料，施工方便，生产效率高，成本低，应用广。

黏接是用胶黏剂直接将被连接件连在一起的不可拆卸连接。黏接适用材料广、重量轻、材料利用率高、成本低且具有良好的密封、绝缘和防腐性，但黏接效果会受到黏接剂性能的限制。

过盈连接是利用被连接件间的过盈配合直接把被连接件连接在一起，其构造简单、定心性好、承载能力强，在振动下能够可靠工作，但装配困难且对尺寸精度要求高。过盈连接主要用于轮圈与轮芯、轴与毂、滚动轴承的装配连接。

机械传动

传动装置作为将动力机的运动和动力传递或变换到工作机的中间环节，是大多数机器不可缺少的主要组成部分。

常用的机械传动类型有带传动、齿轮传动、蜗杆传动、链传动、螺旋传动和摩擦轮传动等。

第五、六柜　带传动

带传动是在两个或多个带轮间用带作为挠性拉曳元件的传动，工作时借助带与带轮间的摩擦力或啮合来传递运动或动力。带传动一般由主动带轮、从动带轮和传动带轮组成。

根据工作原理不同，带传动可分为摩擦带传动和＿＿＿＿＿＿传动。

根据带的截面形状不同，摩擦带传动可分为平带传动、V带传动、圆带传动和多楔带传动等。

平带传动结构简单，传动效率较高，带轮也容易制造，在传动中心距较大的场合应用较多；V带传动是应用最广的带传动，在同样的张紧力下，V带传动较平带传动能产生的摩擦力＿＿＿＿；圆带传动的牵引能力较小，常用于仪器及低速、轻载、小功率的机器中；多楔带传动兼有平带传动和V带传动的优点，工作接触面数多，摩擦力大，柔韧性好，用于结构紧凑而传递功率较大的场合。

摩擦带传动具有结构简单、运转平稳、无冲击和噪声、缓冲吸振、过载保护、不能保持准确的传动比（存在弹性滑动）、效率较低、压轴力较大、制造安装方便、成本低、适于远距离传动等特点。

摩擦带传动的主要失效形式是带的磨损、疲劳破坏和打滑。

啮合带传动依靠带的凸齿与带轮外缘上齿槽的啮合传递运动和动力。同步带传动属于啮合带传动。同步带传动有梯形齿和圆弧齿两类，其兼有带传动和齿轮传动的优点，传动效率高、吸振、传动比准确，在汽车、机电工业中广泛应用。

第七柜　链传动

链传动是在两个或多个链轮之间用链条作为挠性拉曳元件的一种啮合传动，工作时靠链条与链轮齿的啮合来传递运动或动力。链传动一般由主动链轮、从动链轮和传动链组成。链传动具有工作可靠、传动效率高、适于远距离传动、运动平稳性较差（多边形效应）、振动和噪声较大等特点，广泛应用于农业、采矿、冶金、起重、运输、化工以及其他机械的动力传动中。

根据工作性质不同，链可分为＿＿＿＿链、＿＿＿＿链和曳引链三种。传动链按结构不同分为滚子链、套筒链、齿形链、成型链等类型，主要用作一般机械传动；起重链和曳引链分别主要用于起重机械和运输机械。

链传动的主要失效形式是链条元件的疲劳破坏、铰链磨损、胶合、冲击破坏、过载拉断和链轮轮齿磨损等。

第八柜　齿轮和蜗杆传动

齿轮传动是靠主动轮与从动轮轮齿之间的相互啮合来传动的，具有适用范围广、瞬时传动比准确、结构紧凑、传动效率高、可传递任意两轴间的运动和动力、工作可靠、寿命长、制造费用较高、不适于中心距大的场合等特点，是机械传动中应用最广泛的一种传动形式。

用于平行轴的齿轮传动类型：外啮合______齿圆柱齿轮传动、外啮合______齿圆柱齿轮传动、外啮合______齿圆柱齿轮传动、齿轮齿条传动、内啮合圆柱齿轮传动。

用于相交轴的齿轮传动类型：直齿锥齿轮传动、斜齿锥齿轮传动、曲齿锥齿轮传动。

用于交错轴的齿轮传动类型：交错轴斜齿轮传动、准双曲面齿轮传动。

齿轮传动的失效形式：轮齿折断、齿面接触疲劳磨损（齿面点蚀）、齿面胶合、齿面磨粒磨损、齿面塑性流动等。

齿轮的常用材料及其热处理方式：制造齿轮最常用的材料是钢（锻钢、铸钢等），钢的品种很多，且可通过各种热处理方式获得适合工作要求的综合性能；其次是铸铁、有色金属及非金属材料（塑料尼龙等）。常用的热处理方法有整体淬火、表面淬火、渗碳淬火、氮化处理及正火和调质等。

蜗杆传动用于传递交错轴之间的运动和动力，通常两轴在空间上是相互垂直的。传动中一般常以蜗杆为主动件。蜗杆传动具有结构紧凑、重量轻、噪声小、工作平稳（兼有斜齿轮与螺旋传动的优点）、冲击振动小、传动比大且准确、可以实现自锁、滑动速度较大、效率较低、制造成本较高、加工较困难等特点，广泛应用在机床、汽车、仪器、起重运输机械、冶金机械以及其他机械制造部门中。

根据蜗杆形状不同，蜗杆传动可分为圆柱蜗杆传动、环面蜗杆传动和锥蜗杆传动三类。

圆柱蜗杆又可分为阿基米德蜗杆（ZA 型）、渐开线蜗杆（ZI 型）、法向直廓蜗杆（ZN 型）等多种类型。

蜗杆传动的失效形式：齿面接触疲劳磨损（齿面点蚀）、齿面胶合、齿面磨粒磨损、轮齿折断等。在一般情况下，蜗轮的强度较弱，失效主要发生在蜗轮上。又由于蜗杆与蜗轮之间的相对滑动速度较大，所以更容易产生胶合和磨损。

蜗杆传动的常用材料及其热处理方式：制造蜗杆的常用材料为碳钢和合金钢，热处理方式首选淬火或调质（缺少磨削设备时）。制造蜗轮（齿冠部分）的常用材料为铸锡青铜、铸铝青铜、铸铝黄铜、灰铸铁和球墨铸铁等。

轴承

轴承是支撑轴颈的部件，有时也用来支承轴上的回转零件。根据轴承工作时的摩擦性质，轴承可分为滑动轴承和滚动轴承两类。

第九柜　滑动轴承

滑动轴承工作时的摩擦性质为滑动摩擦，组成其摩擦副的运动形式为相对滑动，因此摩擦、磨 损就成为滑动轴承中的主要问题。为了减小摩擦、减轻磨损，通常采用润滑手段。根据润滑情况，滑动轴承分为完全润滑（液体摩擦）轴承和非完全润滑（非液体摩擦）轴承两大类。滑动轴承的结构主要有整体式、剖分式和调位式等。

轴瓦是滑动轴承中直接与轴颈接触的零件，其工作表面既是承载面又是摩擦面，是滑动轴承的核心零件。轴承衬是为改善轴瓦表面的摩擦性质和节省贵金属而在其内表面上浇注的减摩材料。

轴瓦的主要失效形式是磨损和胶合，此外还有疲劳破坏、腐蚀等。

轴瓦和轴承衬的材料统称为轴承材料。常用的轴承材料有轴承合金（巴氏合金）、青铜、多孔质金属、铸铁、塑料等。

第十、十一柜 滚动轴承

滚动轴承工作时的摩擦性质为滚动摩擦，具有摩擦阻力较小、启动灵活、效率高、组合简单、运转精度较高、润滑和密封方便、易于互换、使用及维护方便等优点，在中速、中载和一般工作条件下运转的机械中应用广泛。

滚动轴承是标准件，其通常由外圈、内圈、滚动体和保持架构成。滚动体是滚动轴承的核心元件，其主要类型有__________、__________、__________、__________和滚针等。

滚动轴承的主要失效形式是点蚀、塑性变形和磨损，此外还有电腐蚀、锈蚀、元件破裂等。

第十二柜 联轴器

联轴器是连接两轴、使之一起回转并传递转矩的部件，其特点是只有在机器停机后用拆卸的方法才能实现两轴分离。

联轴器的类型较多，部分已标准化。联轴器按内部是否包含弹性元件可分为刚性联轴器和弹性联轴器；按被连接两轴的相对位置及其变动情况又可分为固定式联轴器和可移式联轴器。

常用的刚性固定式联轴器有________联轴器、________联轴器、夹壳联轴器等；常用的刚性可移式联轴器有________联轴器、________联轴器、滚子链联轴器、滑块联轴器和万向联轴器等。

常用的弹性联轴器有弹性套柱销联轴器、__________联轴器、弹性柱销齿式联轴器、梅花形弹性联轴器、轮胎式联轴器、蛇形弹簧联轴器、__________联轴器和弹簧联轴器等。

第十三柜　离合器

离合器是实现两轴的连接并传递运动及转矩的部件，其特点是在机器运转中可根据需要随时将两轴分离或结合。

离合器的类型较多，根据离合方法不同可分为操纵离合器和________离合器两大类；根据操纵方法不同又分为机械操纵离合器和液压操纵离合器、________操纵离合器和______操纵离合器；根据离合件的工作原理分为嵌合式离合器和________________式离合器。

常用的操纵离合器有牙嵌式离合器、齿式离合器、销式离合器、圆盘摩擦离合器、圆锥摩擦离合器和磁粉离合器等。

常用的自动离合器有安全离合器、离心离合器以及超越离合器等。

第十四、十五柜　轴

轴主要用于支承做回转运动的零件，传递运动和动力，同时又受轴承支承，是机械中必不可少的重要零件。

根据所受的载荷的不同，轴可分为转轴（同时承受弯矩和转矩）、__________轴（只承受弯曲，不承受转矩）和传动轴（主要承受转矩，不承受或只承受较小弯矩）三类。

根据轴线形状的不同，轴还可分为直轴、曲轴和软轴。直轴应用最广，包括外径相同的光轴和各段直径变化的阶梯轴。

第十六柜　弹簧

弹簧部分包括拉伸弹簧、压缩弹簧、扭转弹簧、其他弹簧、组合弹簧、应用。

第十七柜　润滑与密封

（1）润滑剂。润滑剂的主要作用是降低摩擦、减小磨损、提高效率、延长机件的使用寿命，同时还起到冷却、缓冲、吸振、防尘、防锈、排污等作用。机械中常用的润滑剂主要有润滑油、润滑脂和固体润滑剂。

①润滑油。目前工业常用的润滑油为矿物润滑油和合成润滑油。矿物润滑油是

由多种烃类的混合物加入添加剂组成的，其原料充足、成本低廉、性能稳定、应用广泛；合成润滑油是由具有特定分子结构的单体聚合后加入添加剂配成的，其具有突出的特性，如耐氧化性、耐高低温、抗燃等，但价格昂贵，在航空工业中应用较多。

润滑油的主要性能指标是黏度、黏度指数、黏压特性、极压性能、抗氧化安定性、闪点、凝固点、倾点等。其中，__________是最重要的质量指标，是衡量润滑油黏性的指标，也是大多数润滑油牌号区分的标志。

②润滑脂。润滑脂是由润滑油、稠化剂和添加剂等制成的一种凝胶状分散体系，是一种半固体润滑材料。使用润滑脂最大的优越性是不需要经常更换，其稠度大、黏附性好、受温度影响小、承载力较强，但其流动性差、启动阻力大、不能循环使用。

润滑脂的主要性能指标是锥入度、滴点、氧化安定性等，其中____________是最重要的性能指标，表示润滑脂内的阻力大小和流动性的强弱。

③固体润滑剂。固体润滑剂是在两摩擦表面间用固体粉末、薄膜或固体复合材料等代替润滑油或润滑脂，以达到减少摩擦与磨损的目的。其特点为使用温度高、承载能力强、边界润滑优异、耐化学腐蚀性好，但导热散热性差、摩擦系数大。

固体润滑剂的材料有无机化合物（石墨、二硫化钼等）、有机化合物（聚四氟乙烯、酚醛树脂等）和金属（Pb、Sn、Zn 等）以及金属化合物。

(2)密封装置。密封装置是机器和设备的重要组成部分，主要目的是防止润滑剂的泄漏以及防止灰尘、水分及其他杂物侵入机器和设备内部。

密封的分类方法较多，按密封流体状态分为气体密封、液体密封；按设备种类分为压缩机用密封、泵用密封、釜用密封；按密封面的运动状态分为静密封和动密封，动密封又可分为接触式和非接触式密封等。

第十八柜　机械零件的失效形式

机械零件的失效形式包括残余变形、断裂、磨损、胶合、点蚀、腐蚀。

实验二　草图绘制实验

草图是指不借助绘图工具，用目测来估计物体的形状和大小，然后徒手绘制的图样。徒手绘图培养观察思维能力，特别是动手能力起着非常重要的作用。它能记录瞬间思维的信息，是表达创意、交流设计思想的有力工具，也是计算机绘图无法替代的绘图方式。能徒手绘图是工程技术人员必须具备的一种技能。在测绘过程中，根据机器、部件或零件草图得出的图样称为测绘草图。它在测绘过程中有着重要的作用，是绘制装配图和零件工作图的原始资料和主要依据。

一、实验目的

掌握草图绘制的基本方法。

二、实验内容

(1)完成一个基本的组合体模型的草图绘制。

(2)完成一个机构模型的草图绘制。

三、实验设备

(1)组合体模型、机构模型。

(2)自带：方格纸、铅笔(2B、HB)、橡皮。

四、实验方法

草图绘制时建议用中等硬度的铅笔，如 H、B 或 HB。练习阶段尽量使用方格纸画草图，以提高画图的质量和速度。横线、竖线尽可能沿着格子线画出。这样画出的线较直，且易控制图形的大小、方向及投影关系。技能提高后，可以在空白纸上画出线条平直、比例匀称、图面工整的图样。徒手画草图需要掌握各种线条的基本手法。

(一)直线的画法

画较短的直线段用手腕动作，较长的直线段用小臂动作，也可先分段画。画图时，小手指稍微接触纸面，眼睛要看着线段的终点。画草图时可以转动图纸，使所画的线条处于顺手的方向，以适应手臂的运笔，如图 2-1 所示。

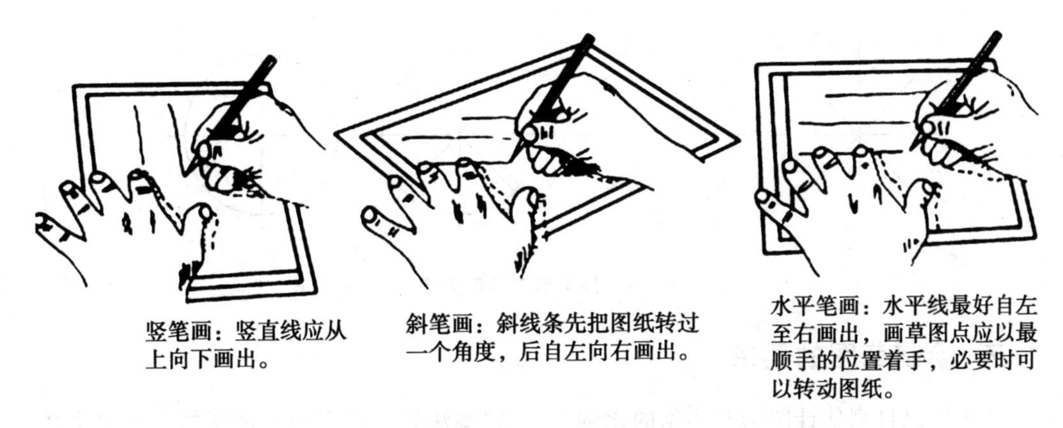

图 2-1　徒手画直线的方法

（二）角度的画法

画一些特殊的角度，如 30°、45°、60°等几种常见的角度时，可根据斜度比例关系近似画出，如图 2-2 所示。

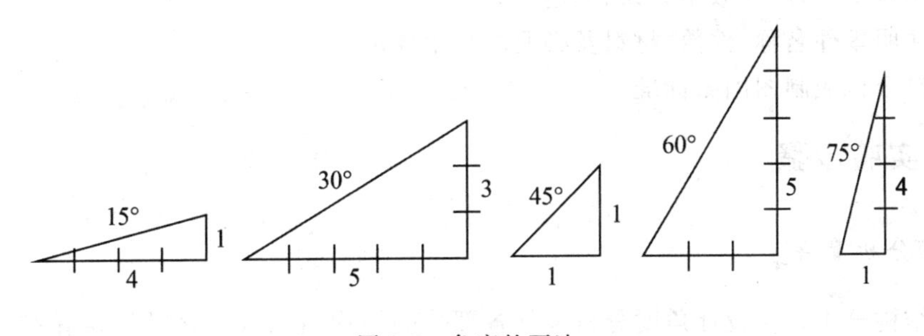

图 2-2　角度的画法

（三）圆的画法

徒手画小圆时，先确定圆心的位置，过圆心作中心线，再根据半径的大小用目测方法在中心线上定出 4 点，最后徒手将 4 点连接勾画出圆，如图 2-3 所示。

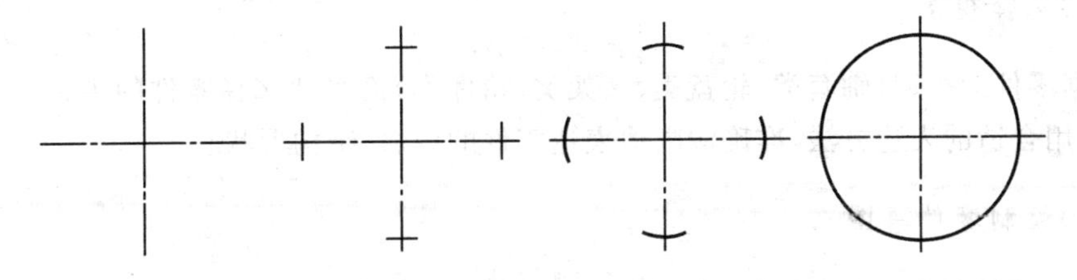

图 2-3　徒手画小圆的方法

当圆的直径较大时，可通过圆心多画几条等分角线，并在其上确定半径端点再连接成圆，如图 2-4 所示。

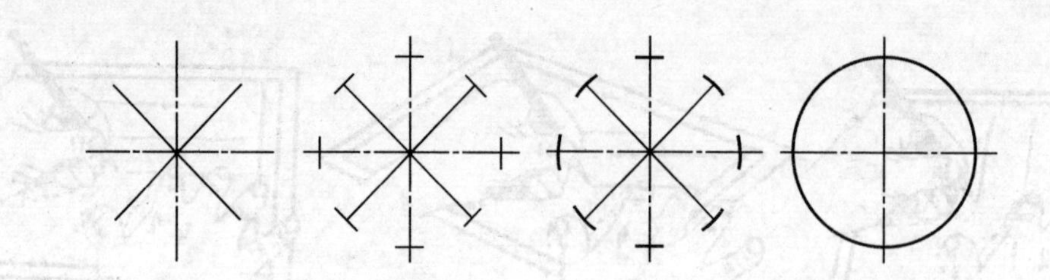

图 2-4　徒手画大圆的方法

五、绘制草图的要求

草图是以目测估计图形与实物的比例，按一定画法要求徒手绘出的图样。虽说是徒手绘制，但它要求具备正规零件图所包含的全部内容。因此，在画零件草图时切不可随意潦草绘制，必须认真仔细。

(1)线型粗细分明，图样清晰。

(2)保持物体各部分的比例关系。

(3)表达完整，图形正确。

(4)字体工整，尺寸数字无误、无遗漏。

(5)注明零件名称、件数、材料及必要的技术要求。

(6)符合机械制图国家标准。

六、实验步骤

(一)分析零件

(1)结构分析。从设计角度分析零件各部分的结构、各表面的作用，弄清零件的基本形体构成，零件在部件上的装配位置及作用，以及与它相邻零件的连接方式、尺寸关系。这些结构分析为图样表达和选择视图提供基本的信息。

(2)工艺分析。工艺分析是对所测绘零件的材料进行鉴定并确定其加工方法。如铸造的零件应该有铸造圆角、拔模斜度、壁厚均匀等铸造工艺特征，而切削加工的零件在台肩处有一定大小的加工圆角、砂轮越程槽、退刀槽及倒角等工艺结构。

(二)选择视图

根据零件的类型(轴套类、轮盘类、叉架类、箱体类)恰当地选择零件的主视图和其他视图，利用合适的表达方法，准确清晰地表达零件的内、外结构形状。

(三)绘制零件草图

选择好图纸规格，确定比例，合理布置视图，按以下步骤绘制草图：

(1)在方格纸上画出作图的基准线，定出各视图的位置。注意视图之间留出标注尺寸的位置，并在右下方画出标题栏，如图 2-5(a)所示。

(2)以目测比例按所确定的表达方案详细地画出零件内、外结构形状，如图 2-5(b)所示。对各视图的草图进行全面仔细的校对后将图线加深。

(3)在剖视图上画出剖面线，如图 2-5(c)所示。

(四)尺寸分析及标注

对零件各部分结构进行仔细分析，合理正确地标注其尺寸。首先选择尺寸基准，按国家标准画出全部定形、定位的尺寸界线、尺寸线和终端，但不标注尺寸数值，尺寸数值在进行测量时集中标注，如图 2-5(d)所示。

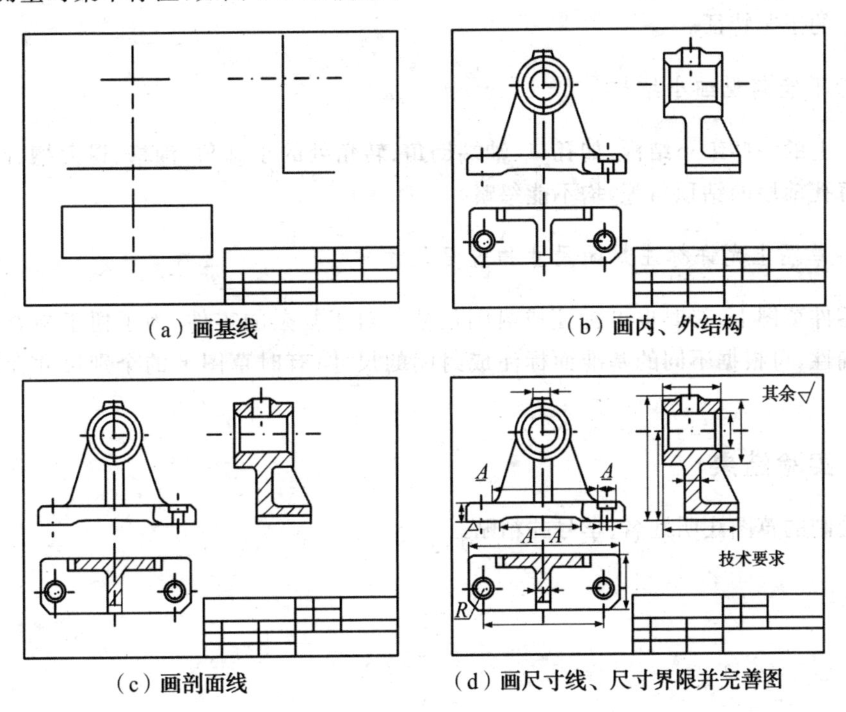

(a) 画基线　　(b) 画内、外结构

(c) 画剖面线　　(d) 画尺寸线、尺寸界限并完善图

图 2-5　支架零件的草图绘制步骤

(五)技术要求分析及标注

画出有表面加工要求的表面粗糙度符号，标注出粗糙度代号。

(六)填写标题栏

将零件的名称、材料、序号等信息填写在标题栏中。

七、注意事项

(一)优先测绘基础零件

部件分解后，按组件、部件、零件一个个的开始测绘，这时最好选择作为装配基础的零件优先测绘。基础零件一般都比较复杂，且与其他零件相关的尺寸也多，装配时常以基础零件为核心将相关零件装于其上。

(二)充分重视标准件

在优先测绘基础零件的同时,也要对标准件进行测绘,并整理出标准件的清单。标准件要注意匹配性和成套性,切忌用大垫圈去配小螺母等。

(三)仔细分析,忠于实样

画测绘草图时必须严格忠实于实样,不得随意更改,更不能主观猜测,同时要注意零件构造上的工艺特征。

(四)不能忽视细小结构

零件上的一些细小结构,如孔口、轴端倒角、转角处的小圆角、沟槽、退刀槽、凸台、凹坑以及盲孔前段的钻顶角等,均不能忽略。

(五)草图上允许标注封闭尺寸和重复尺寸

在零件草图上,有时也可标注成封闭尺寸。对于复杂的零件,为了便于检查测量尺寸的准确性,可根据不同的基准面标注成封闭的尺寸;有时草图上的个别尺寸允许重复标注。

八、实验结果

将绘制的草图注明姓名、学号并粘贴。

实验三　计算机绘图基础

工程制图软件是机械类专业学生必须掌握的工具，CATIA、Creo、SolidWorks 等三维建模软件是行业内使用较多的工具软件。本实验以 Creo 三维建模软件为例介绍三维建模及二维工程图出图方法。

☆熟悉 Creo 的工作界面及基本操作☆

一、实验目的

(1)掌握 Creo 文件菜单的操作和启动、退出，以及工作目录的设置方法。

(2)熟悉 Creo 的工作界面、菜单、命令按钮的使用方法。

(3)学会 Creo 中草绘模块、零件模块、装配模块、工程图模块的功能。

二、实验内容

(1)新建和管理文件。

(2)简单零件创建及视图操作综合练习。

三、实验设备

电脑：CPU 3 GHz 以上，内存 4 G 以上，独立显卡，三键滚轮光电鼠标，Windows 7 或 Windows 10 及以上。

四、实验方法与步骤

(一)新建和管理文件

操作步骤如下：

(1)在 D 盘新建一个 PTC 目录。

(2)在开始菜单启动 Creo Parametric 6.0.0.0 软件。

(3)执行工作界面下的“设置工作目录”命令，则出现“选取工作目录”对话框。

(4)在“查找范围”下拉选择框中选择“目录”,在这里我们选择驱动器“D:\”并双击,选择驱动器“D:\”下的目录 PTC 文件夹。

(5)选择好要设置的目录后,单击“确定”按钮,完成当前工作路径的设置。

(6)执行“文件”→“新建”命令,或单击标准工具栏上的新建按钮,则会出现“新建”对话框,如图 3-1 所示。在该对话框中,选择类型为“零件”,子类型为“实体”。

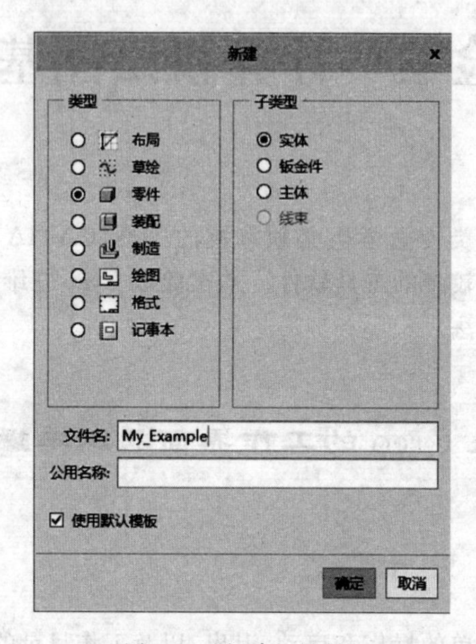

图 3-1 “新建”对话框

(7)在文件名文本框中输入要创建的文件名“My_Examples”。

(8)单击“确定”按钮,在当前工作目录“D:\PTC”中生成一个名为“My_Examples”的零件模块中的图形文件。

(9)直接执行“文件”→“保存”命令,或单击标准工具栏中的保存按钮,系统会在信息窗口中会出现文本框,用于确认文件名。在一般情况下,此文件名不需改动,直接取用新建时所起的文件名。

(二)视图操作综合练习

操作步骤如下:

1.新建文件

(1)在开始菜单启动 Creo Parametric 6.0.0.0 软件。

(2)将“D:\PTC”文件夹设置为工作目录。

(3)执行“文件”→“新建”命令,或单击标准工具栏上的新建按钮,则会出现“新建”对话框。在该对话框中选择类型为“零件”,子类型为“实体”。

(4)在文件名文本框中输入要创建的文件名“dizuo”,取消“使用缺省模板”复选框,单击“确定”按钮。

(5)弹出如图 3-2 所示的“新文件选项”对话框。在该对话框中可以看到系统为用户提供的多种模板类型，部分常用模板类型说明如表 3-1 所示。

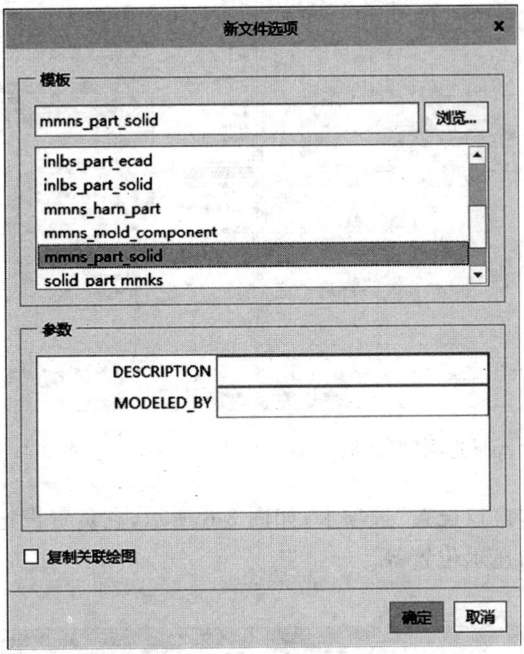

图 3-2　“新文件选项”对话框

表 3-1　部分常用模板说明

模板类型	说明	模板类型	说明
空	不使用模板	inlbs_part_solid	英制零件
inlbs_part_ecad	英制 ecad 文件	mmns_part_solid	公制零件

选中某一模板，单击“确定”按钮，即可应用指定的模板。

2.定制界面

(1)执行“文件”→“选项”命令，系统打开如图 3-3 所示的“Creo Parametric 选项”对话框。

(2)界面定制。在对话框中选择“自定义”→“功能区”选项卡。在默认情况下，所有命令(包括适用于活动进程的命令)都显示在对话框中，如图 3-4 所示。

在对话框中选择“快速访问工具栏”选项卡，如图 3-5 所示。该选项卡主要包括两部分，左侧部分用来控制工具栏在屏幕上的显示。所有的工具栏都在该列表中，如果要在屏幕上显示该工具栏，就将其前面的复选框选中，然后单击将选定项添加到功能区按钮，则会将选定的工具栏添加到右侧部分；如果要在屏幕上移除该工具栏，就取消选中该工具栏前的复选框，然后单击从功能区移除选定项按钮，将选定的工具栏移除右侧部分。工具栏可以显示在图形区的顶部、右侧和左侧。

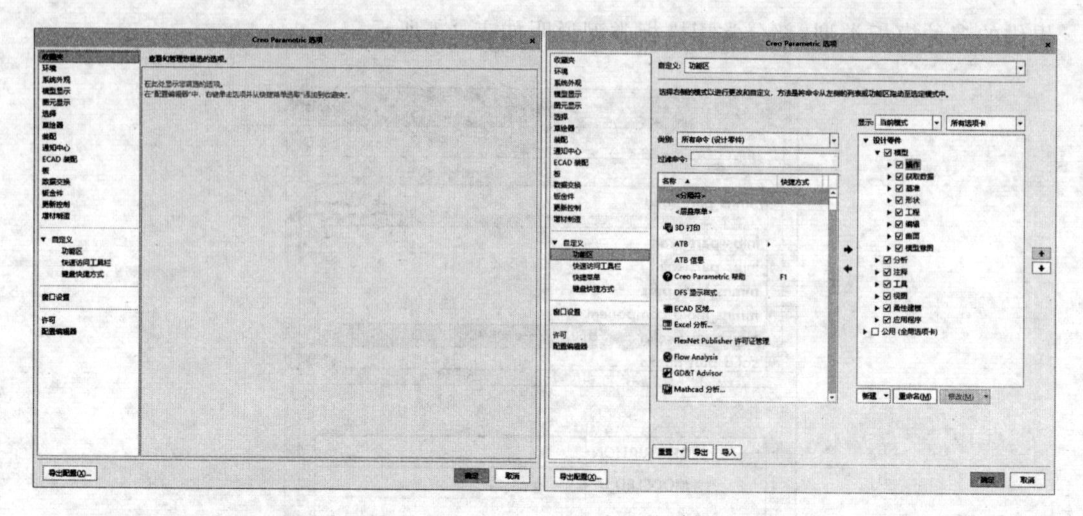

图 3-3 “Creo Parametric 选项”对话框　　　　图 3-4 “功能区”选项卡

在对话框中选择“窗口设置”选项卡，如图 3-6 所示，它负责设定导航器的显示位置以及显示宽度、消息区的显示位置等。

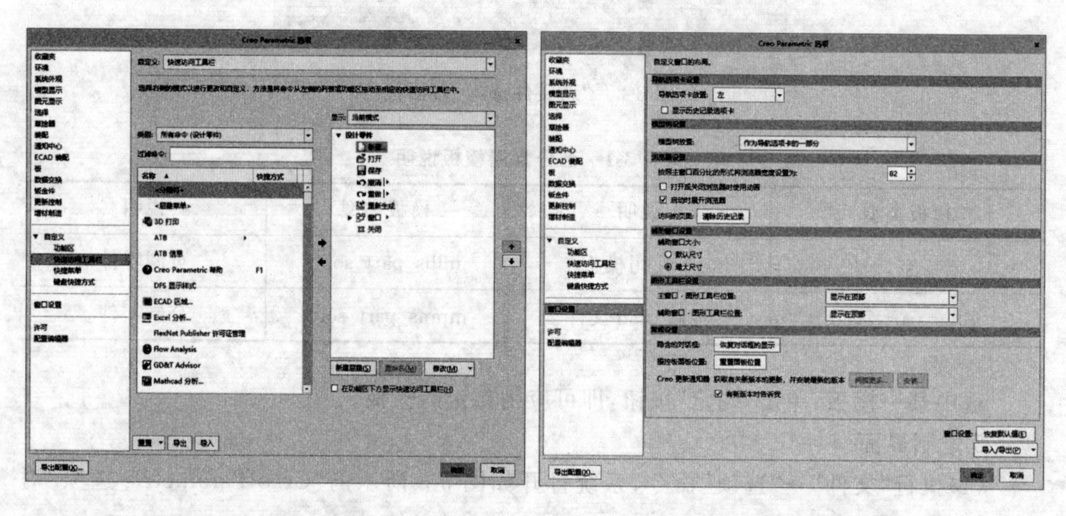

图 3-5 “快速访问工具栏”选项卡　　　　图 3-6 “窗口设置”选项卡

3.系统颜色设置

(1)执行“文件”→“选项”→“系统外观”命令，系统打开如图 3-7 所示的“系统颜色”选项卡。

(2)在“系统颜色”选项卡中可改变系统颜色。

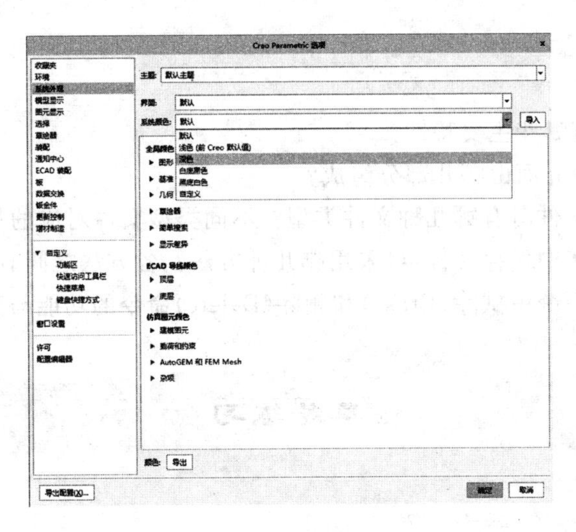

图 3-7　“系统颜色”选项卡

4.保存和重命名

执行“文件”→“保存”命令，弹出“保存”对话框，单击“确定”按钮，保存文件。

5.删除和拭除

(1)执行“文件”→“管理文件”→“删除旧版本”命令，信息提示区显示要删除旧版本的对象，如图 3-8 所示。

图 3-8　删除旧版本

(2)单击“是”按钮，删除旧版本。

(3)执行“文件”→“管理会话”→“拭除当前”命令，弹出“拭除确认”对话框，如图 3-9 所示。

(4)单击“是”按钮，把文件从内存中删除。

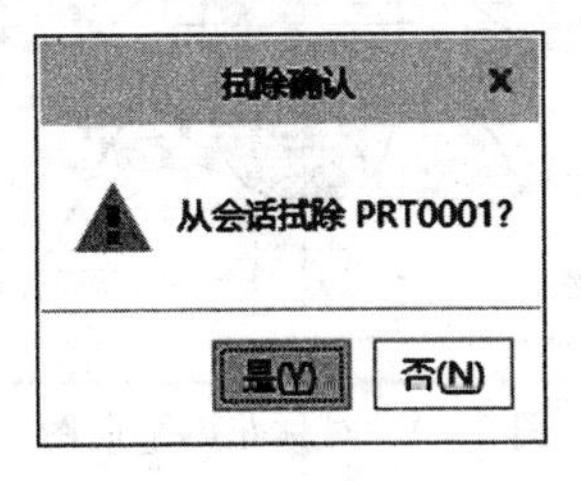

图 3-9　“拭除确认”对话框

五、思考题

(1)Creo 软件有哪些主要特性?

(2)Creo 的用户界面由哪几部分组成?

(3)新建 Creo 文件时有哪几种文件类型? 不同类型文件对应的扩展名有什么不同?

(4)在 Creo 系统中保存文件,可采用哪几种方法? 各方法之间有何区别?

(5)试述 Creo 系统中拭除(Erase)和删除(Delete)命令的功能与区别。

☆草绘练习☆

一、实验目的

(1)熟练掌握草绘环境的设置,以及草绘图形的绘制方法。

(2)掌握草图的编辑方法、尺寸标注和修改。

(3)熟练约束设置和删除方法。

二、实验内容

绘制对称花瓣形的规则图形,如图 3-10 所示。

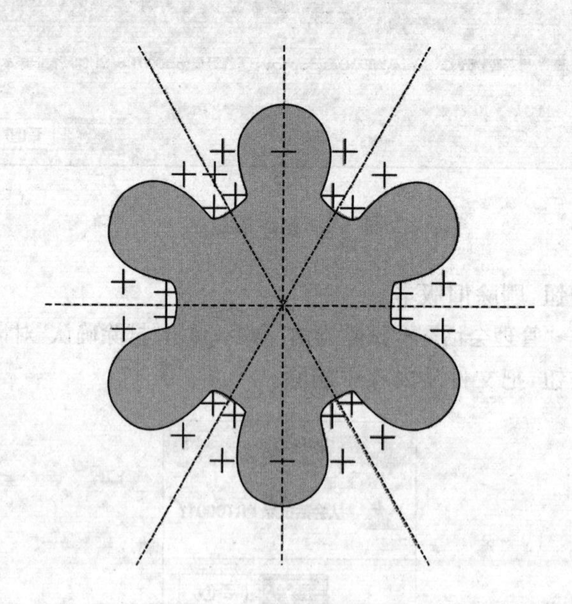

图 3-10　对称花瓣平面图

三、实验设备

电脑:CPU 3 GHz 以上,内存 4 G 以上,独立显卡,三键滚轮光电鼠标,Windows 7 或

Windows 10 及以上。

四、实验方法与步骤

(一)新建文件

单击工具栏上的新建按钮,或执行“文件”→“新建”命令,打开“新建”对话框。

在文件类型选项区域中选择“草绘”选项,在名称文本框中输入文件名“3-10”,单击“确定”按钮,进入草绘环境。

(二)绘制中心线

进入草绘环境后,执行“草绘”→“线”→“中心线”命令,或单击右侧工具栏上的中心线按钮 ┇ 。在绘图区单击,绘制水平中心线和垂直中心线,点击鼠标中键完成绘制,如图 3-11 所示。

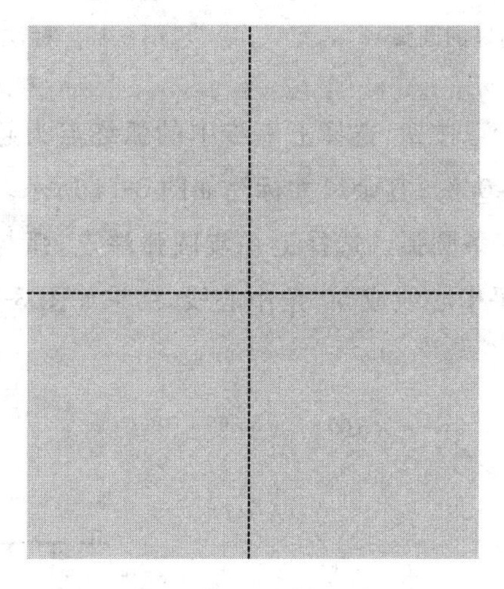

图 3-11　绘制中心线

(三)绘制圆弧

单击工具栏上的 按钮,然后选择垂直中心线上一点为圆心位置,第一个弧端点同样也放在中心线上,单击确定第二点,以及半径和起始点,点击鼠标中键结束绘制,如图 3-12 所示。

单击 按钮,选择中心线相交点,再选择弧圆心,标注弧圆心线相交点尺寸为“20.00”。其余尺寸标注如图 3-13 所示。

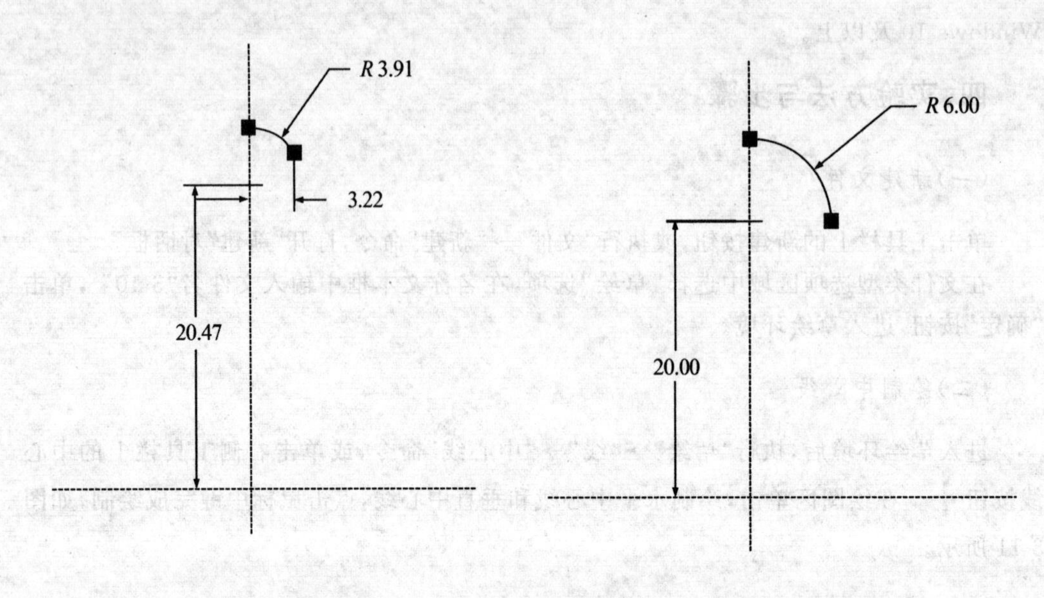

图 3-12　绘制好的圆弧　　　　图 3-13　标注尺寸后的圆弧

单击右侧工具栏上的按钮，选择上一步中的弧终点为起点，弧与上一弧相切于该点，标注弧半径尺寸为“14.00”。其余尺寸标注如图 3-14 所示。

单击按钮绘制第三条圆弧。选择上一步圆弧端点，弧与上一弧相切于该点，标注弧长为“1.50”，并绘制水平中心线成 60°角中心线，结果如图 3-15 所示。

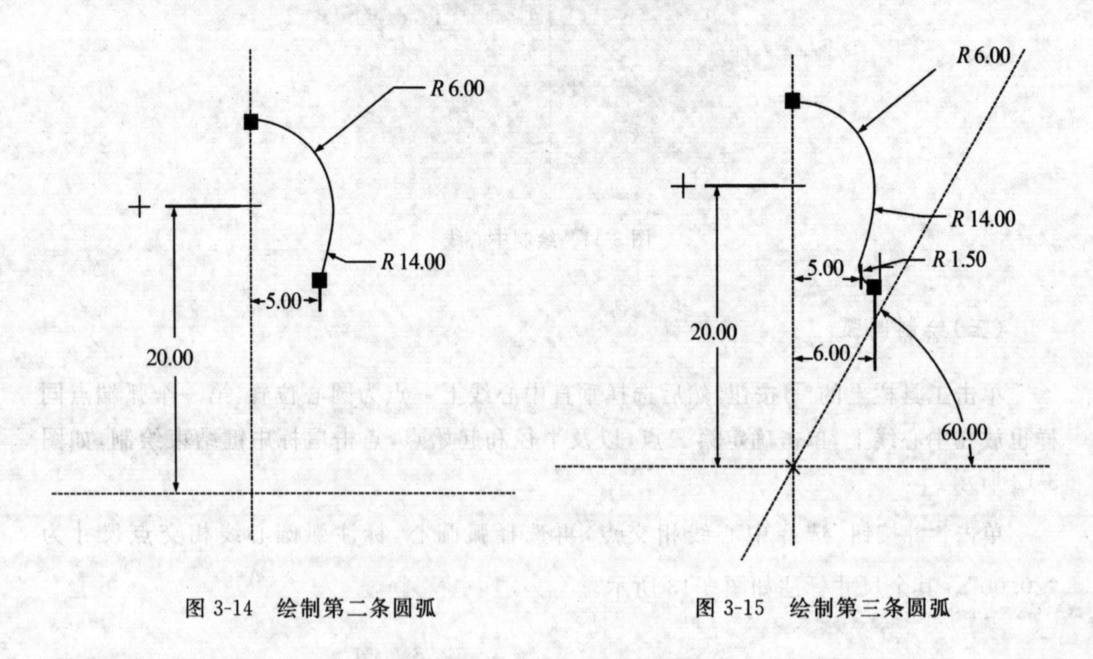

图 3-14　绘制第二条圆弧　　　　图 3-15　绘制第三条圆弧

单击按钮绘制第四条圆弧。该弧以中心线交点为圆心，一个端点与上一步绘制的弧端点重合，如图 3-16 所示。

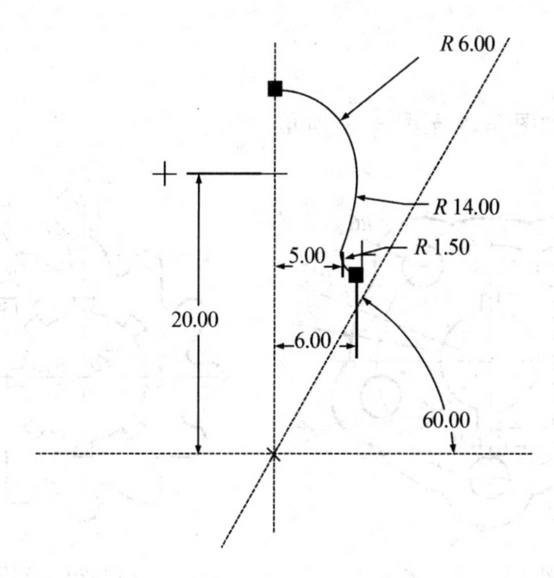

图 3-16　绘制第四条圆弧

(四)镜像绘制的弧

接下来以前面绘制的图形为镜像对象,即可完成图形设计。为使绘图区看起来更加清晰,可以关闭工具栏中的尺寸显示和约束显示开关按钮。

单击按钮,绘制另一条与水平中心线呈 60°角的中心线。

选择所有绘制的弧。可以在绘图区拖出一个矩形框,框选所有的弧;也可以按下 Ctrl 键,依次选择所有的弧。

单击工具栏中的镜像按钮,或执行"编辑"→"镜像"命令,选取垂直中心线为该镜像的参照轴心,释放鼠标即可产生镜像图形,如图 3-17 所示。

按以上步骤选取镜像后的图形,再分别以第一条 60°角的中心线和第二条 60°角的中心线为轴心进行镜像,完成的图形如图 3-18 所示。最后执行"文件"→"保存"命令,将文件保存。

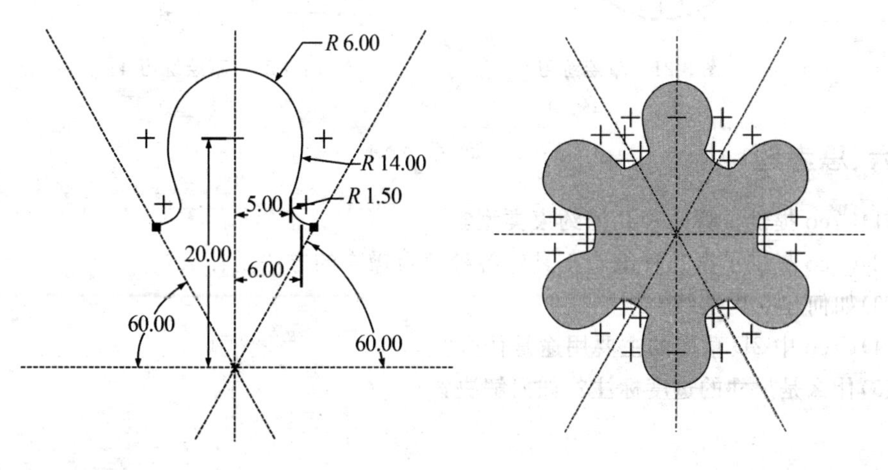

图 3-17　镜像后的图形　　　　图 3-18　完成的图形

五、练习图形

练习草绘，图形如图 3-19 至图 3-22 所示。

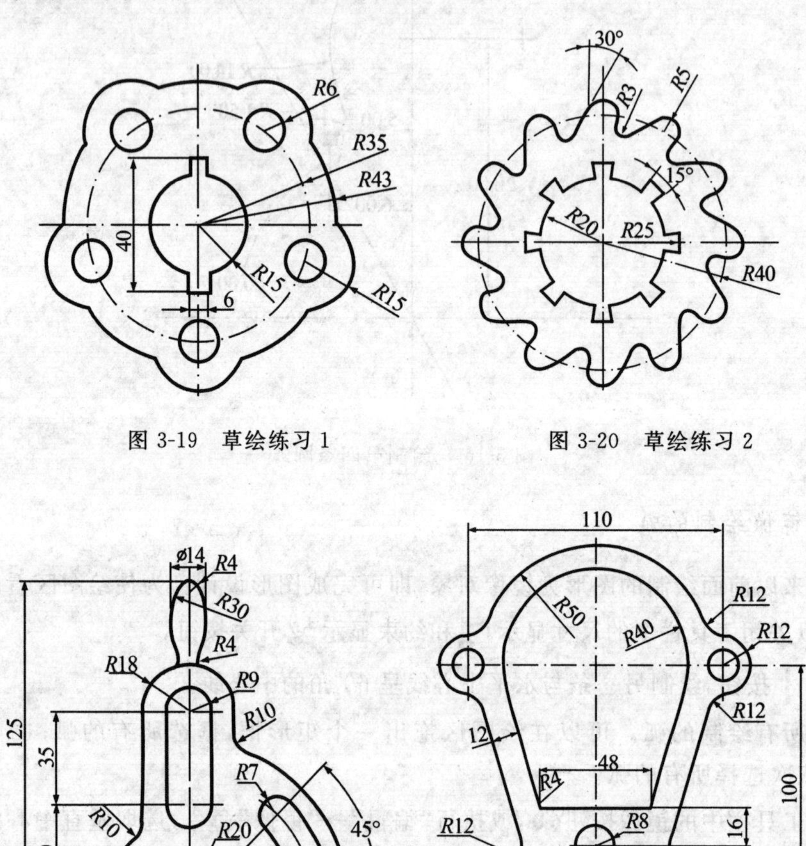

图 3-19　草绘练习 1

图 3-20　草绘练习 2

图 3-21　草绘练习 3

图 3-22　草绘练习 4

六、思考题

(1)Creo 提供了哪几种几何约束类型？

(2)Creo 提供了哪几种编辑工具？各种编辑操作的方法是什么？

(3)如何建立构造线？

(4)Creo 中 2D 草图的主要用途是什么？

(5)什么是尺寸的过度标注？如何解决？

☆拉伸体造型☆

一、实验目的

（1）了解三维模型创建中实体拉伸的基本原理，掌握拉伸特征的创建方法。

（2）掌握草绘平面、参考平面以及三维造型设计尺寸参照的设置。

二、实验内容

完成以拉伸特征为主的三维模型创建，如图 3-23 和图 3-24 所示。

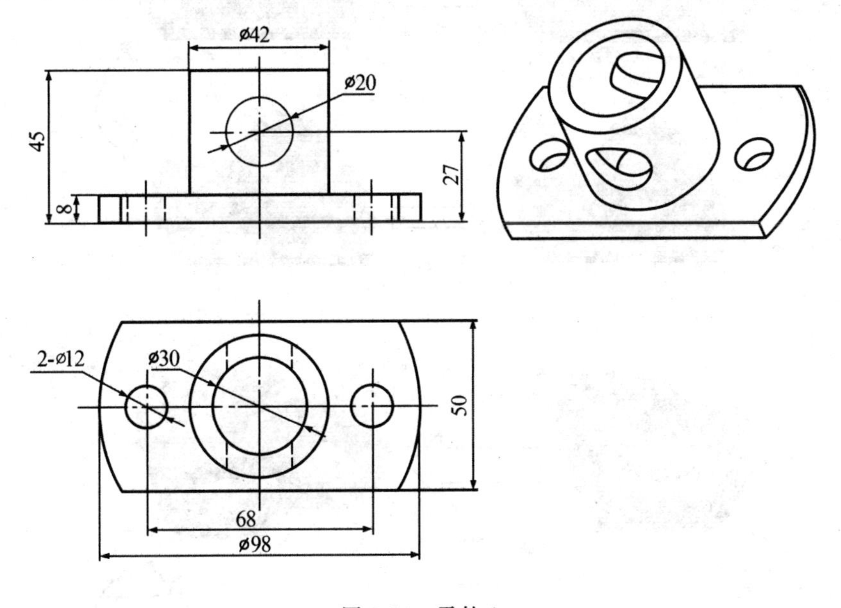

图 3-23　零件 1

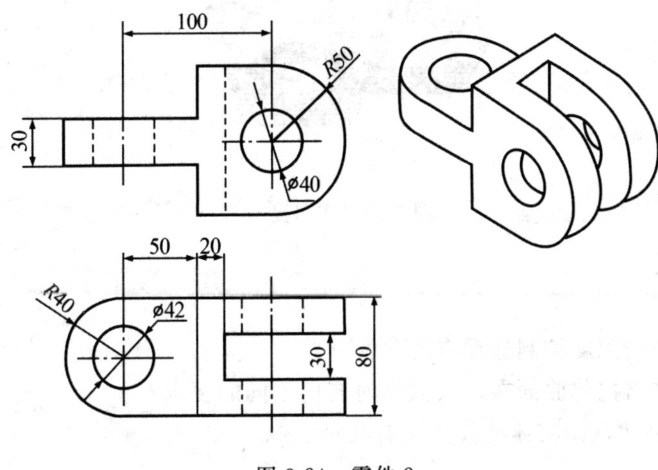

图 3-24　零件 2

三、实验设备

电脑:CPU 3 GHz 以上,内存 4 G 以上,独立显卡,三键滚轮光电鼠标,Windows 7 或 Windows 10 及以上。

四、实验方法与步骤

作图提示如图 3-25 所示。

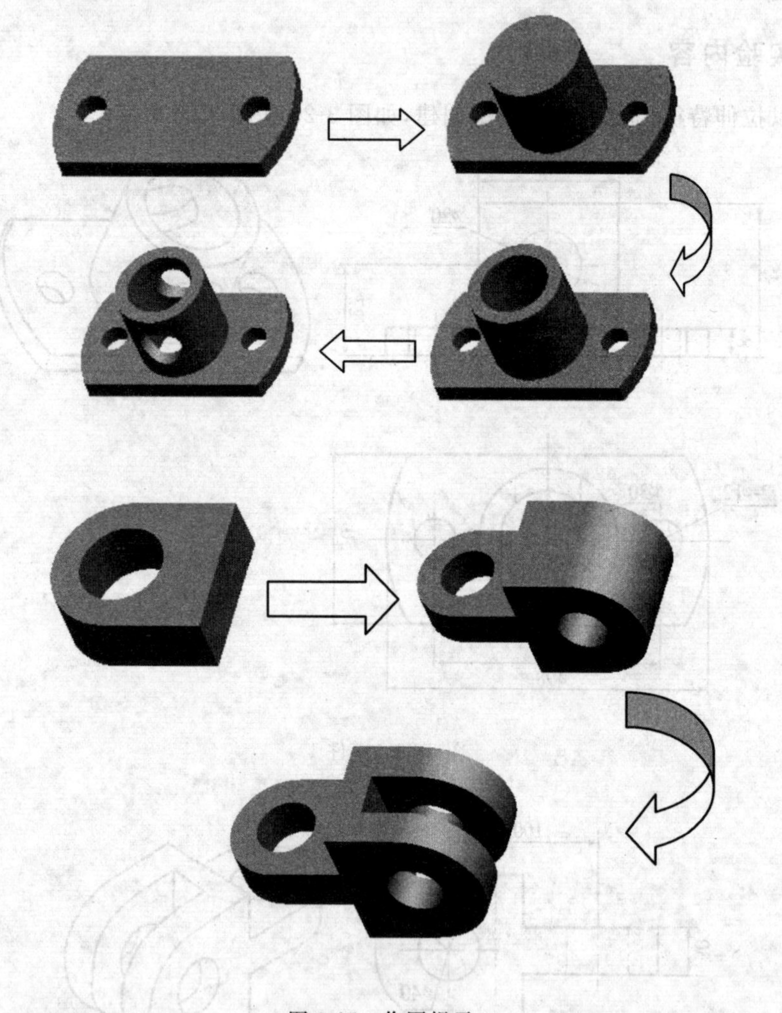

图 3-25　作图提示

五、思考题

(1)拉伸特征的深度控制选项有哪些?
(2)拉伸实体与拉伸曲面在草绘截面时有何不同的要求?
(3)Creo 中创建基础实体特征主要有几种?

☆旋转体造型☆

一、实验目的

(1)了解三维模型创建中旋转体造型的基本原理,掌握旋转特征的创建方法。

(2)掌握草绘平面、参考平面以及三维造型设计尺寸参照的设置。

二、实验内容

完成以旋转体特征为主的三维模型创建,如图 3-26 所示。

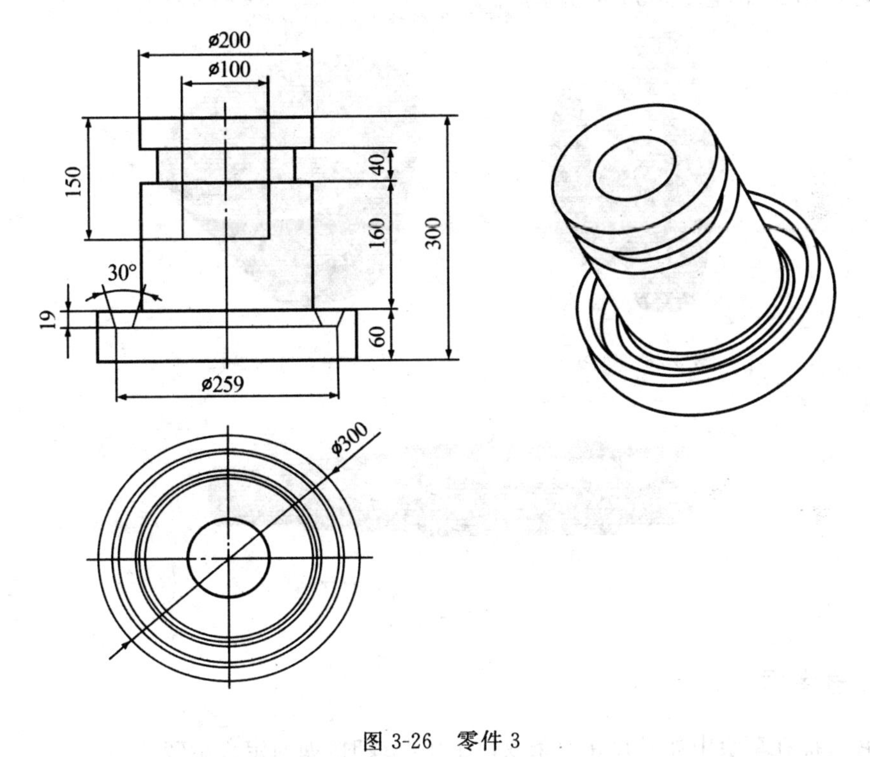

图 3-26 零件 3

三、实验设备

电脑:CPU 3 GHz 以上,内存 4 G 以上,独立显卡,三键滚轮光电鼠标,Windows 7 或 Windows 10 及以上。

四、实验方法与步骤

作图提示如图 3-27 所示。

图 3-27　作图提示

五、练习图形

练习如图 3-28 至图 3-30 所示图形。

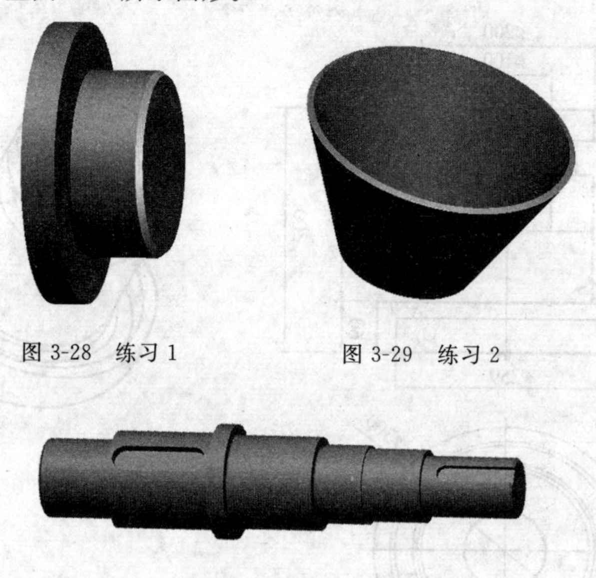

图 3-28　练习 1

图 3-29　练习 2

图 3-30　练习 3

六、思考题

旋转特征在草绘中如果存在两条或以上中心线时,如何定义旋转轴?

☆混合造型设计☆

一、实验目的

了解三维模型创建中混合造型的基本原理,掌握混合造型方法。

二、实验内容

利用平行混合方式,绘制三个截面,建立如图 3-31 所示的变形棱锥体。

三、实验设备

电脑：CPU 3 GHz 以上，内存 4 G 以上，独立显卡，三键滚轮光电鼠标，Windows 7 或 Windows 10 及以上。

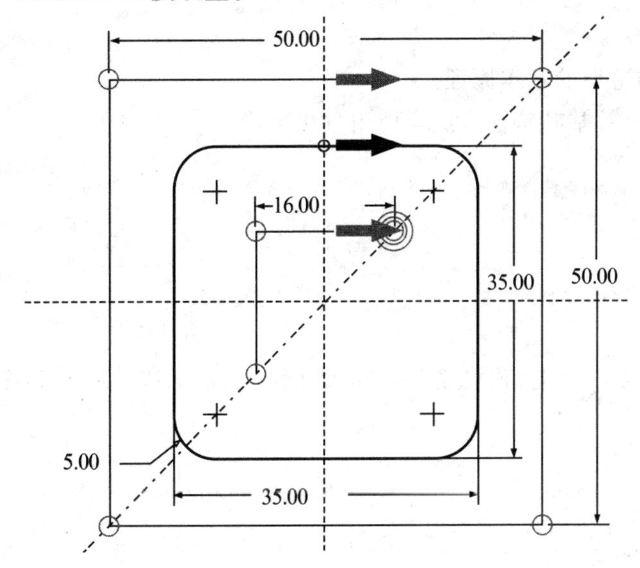

图 3-31　变形棱锥体

四、练习图形

混合造型练习如图 3-32 所示图形。

图 3-32　混合造型练习

五、思考题

(1)混合特征的不同截面间有什么要求？如何实现？

(2)简述创建混合特征的步骤。

☆扫描造型设计☆

一、实验目的

(1)了解三维模型创建中扫描造型的基本原理。

(2)掌握拉伸、旋转、扫描、混合等基础特征的综合使用方法。

二、实验内容

创建管接头和餐具零件。

三、实验设备

电脑:CPU 3 GHz 以上,内存 4 G 以上,独立显卡,三键滚轮光电鼠标,Windows 7 或 Windows 10 及以上。

四、实验方法与步骤

(一)管接头

管接头如图 3-33 所示。

图 3-33 管接头

(1)设置草绘平面。单击新建按钮,新建一个名为“CH6-8”的零件文件,进入零件设计环境。单击“模型”→“形状”→扫描按钮,打开“扫描”操控面板,如图 3-34 所示。

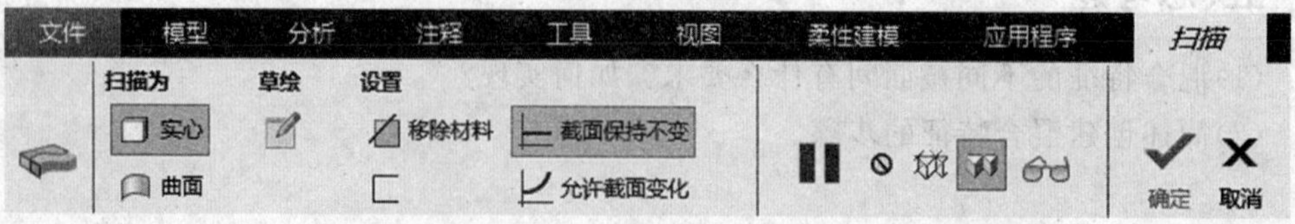

图 3-34 “扫描”操控面板

(2)绘制扫描轨迹线和剖截面。在草绘环境中绘制扫描轨迹线,然后单击确定按钮✔退出草图绘制环境。在操纵板中单击“绘制界面”按钮,进入截面绘制环境,利用圆工具绘制扫描剖截面,然后单击“确定”按钮,退出草图绘制环境,如图 3-35 所示。

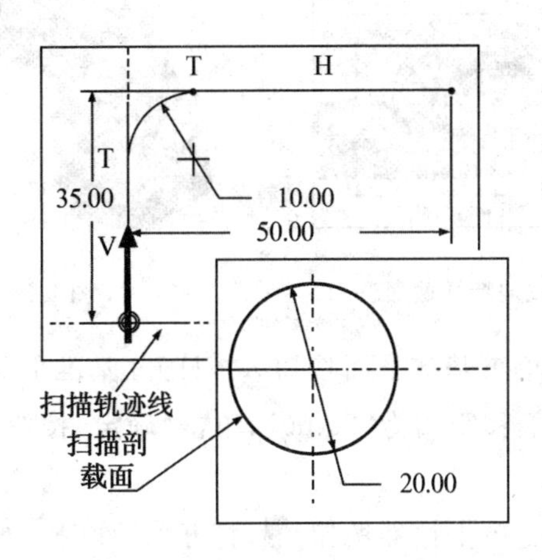

图 3-35 扫描轨迹和剖截面

(3)创建壳特征。单击“模型”→“工程”→壳按钮,打开“壳”操控面板。在厚度信息栏中输入厚度“3.00”,然后按下 Ctrl 键选择两个截面。在对话框中单击“确定”按钮,完成壳特征创建,效果如图 3-36 所示。

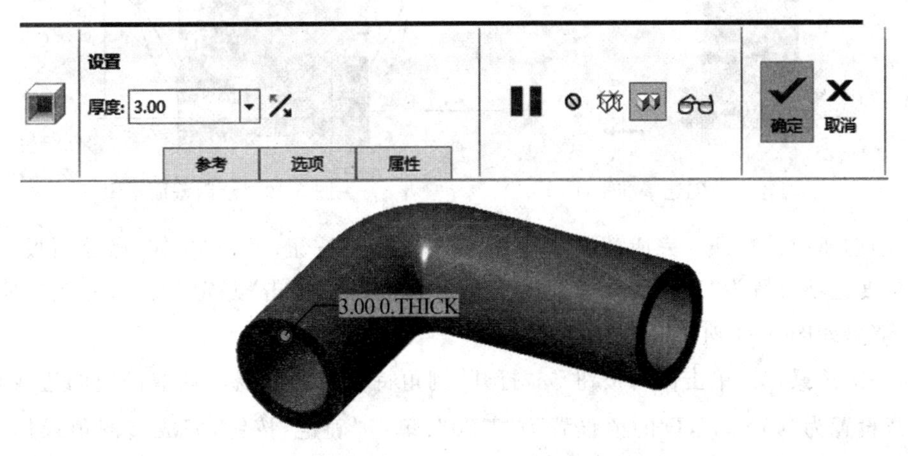

图 3-36 壳特征

(4)绘制拉伸截面。单击拉伸按钮,打开“拉伸”操控面板。单击“放置”→“定义”按钮,打开“草绘”对话框。按照图 3-37 所示选取草绘平面,并接受默认的视图参照,进入草绘环境,绘制截面。

(5)创建拉伸实体。单击“确定”按钮,返回“拉伸”操控面板。将拉伸深度选项设置为“盲孔”,并设置拉伸深度为“8.00”,单击“确定”按钮,完成拉伸操作,效果如图 3-38 所示。

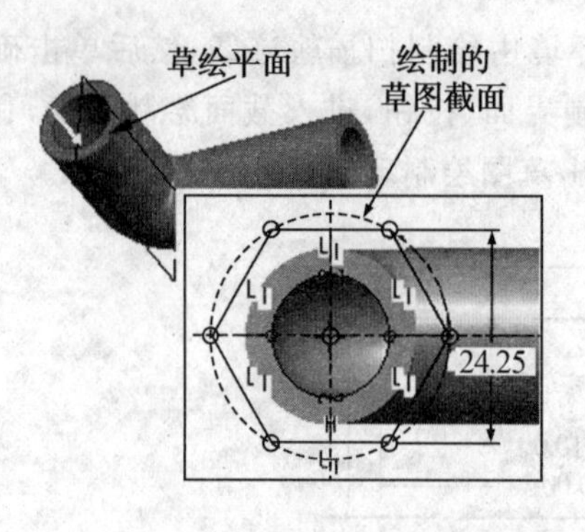

图 3-37　拉伸特征截面(一)

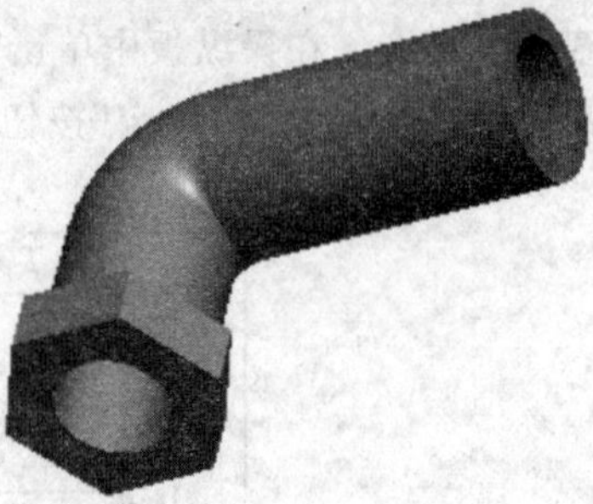

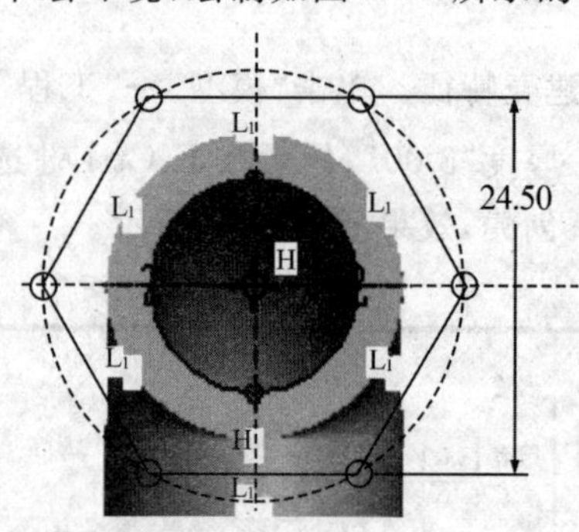

图 3-38　拉伸特征

(6)创建基准平面。单击基准平面按钮，打开“基准平面”对话框。选取 RIGHT 平面为参照，沿箭头指向偏移距离为“20.00”，单击“确定”按钮，完成新基准平面 DTM1 的创建，如图 3-39 所示。

(7)再绘制拉伸截面。单击拉伸按钮，打开“拉伸”操控面板，并打开“草绘”对话框。选取基准平面 DTM1 作为草绘平面进入草绘环境，绘制如图 3-40 所示的截面。

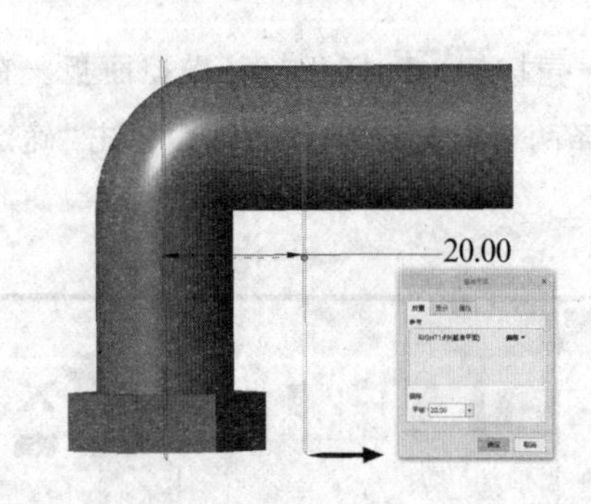

图 3-39　创建基准平面

图 3-40　绘制截面草图

(8)创建拉伸特征。完成截面绘制后，单击“确定”按钮，返回“拉伸”操控面板。选取拉伸深度选项设置为“盲孔”，并设置拉伸深度为“8.00”，单击“确定”按钮，完成拉伸特征创建，效果如图 3-41 所示。

(9)倒角操作。单击倒角按钮，打开“倒角特征”操控面板，选取倒角的边线，将倒角形式设置为“45×D”，D 的值设置为“1.20”，单击“确定”按钮，完成边倒角操作，如图 3-42所示。

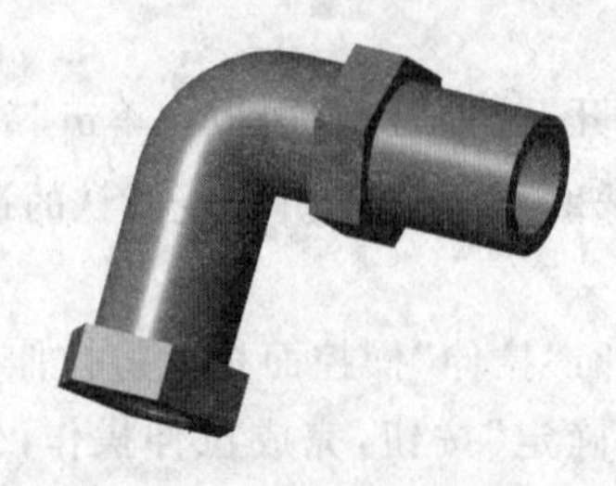

图 3-41　创建拉伸特征

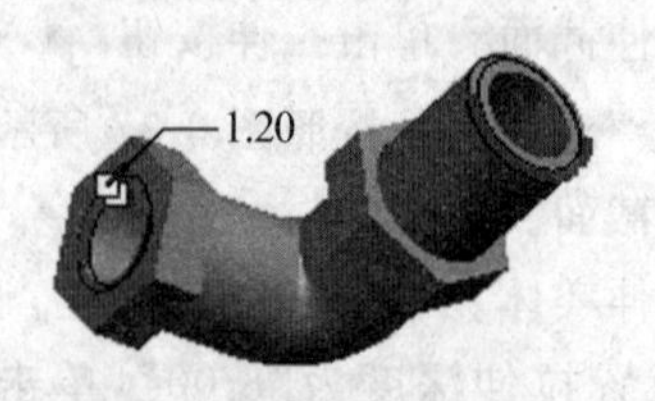

图 3-42　倒角的边

(10)设置草绘平面。单击“模型”→“形状”→螺旋扫描按钮，打开“螺旋扫描”操控面板。

(11)绘制螺旋扫描特征剖面。单击“模型”→“基准”→草绘按钮，选择基准面TOP作为草绘平面。绘制如图3-43所示的螺纹扫描特征剖面。单击“确定”按钮，退出草绘环境。

(12)绘制截面图。单击继续按钮，单击绘制截面按钮，单击草绘功能区“草绘”面板上的线按钮，绘制如图3-44所示的截面图。单击“确定”按钮，退出草绘环境。

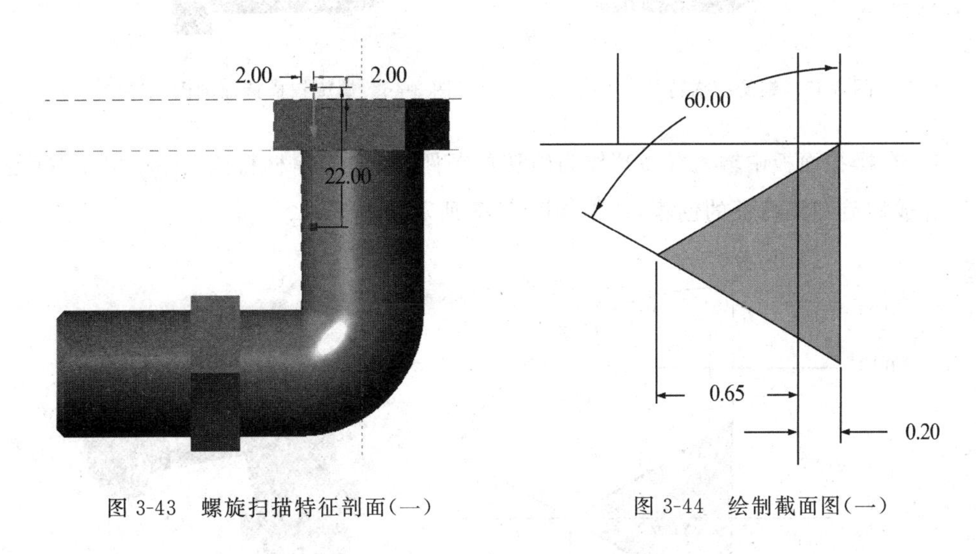

图3-43　螺旋扫描特征剖面(一)　　图3-44　绘制截面图(一)

(13)在操控面板中输入“1.10”作为轨迹的节距，单击切除材料按钮，单击“确定”按钮，完成螺旋扫描特征的创建，效果如图3-45所示。

(14)设置草绘平面。单击“模型”→“形状”→螺旋扫描按钮，打开“螺旋扫描”操控面板。

(15)绘制螺旋扫描特征剖面。单击“模型”→“基准”→草绘按钮，选择基准面TOP作为草绘平面。绘制如图3-46所示的螺纹扫描特征剖面。单击“确定”按钮，退出草绘环境。

(16)绘制截面图。单击继续按钮，单击绘制截面按钮，单击草绘功能区“草绘”面板上的线按钮，绘制如图3-47所示的截面图。单击“确定”按钮，退出草绘环境。

图 3-45 螺旋扫描特征

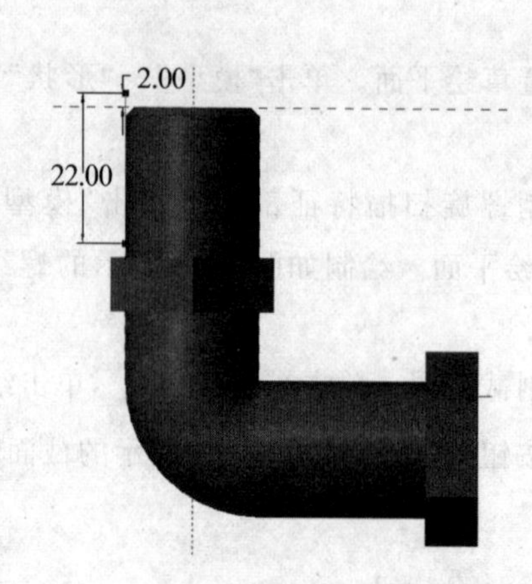

图 3-46 螺旋扫描特征剖面(二)

(17)在操控面板中输入“0.90”作为轨迹的节距,单击切除材料按钮,单击“确定”按钮,完成螺旋扫描特征的创建,效果如图 3-48 所示。

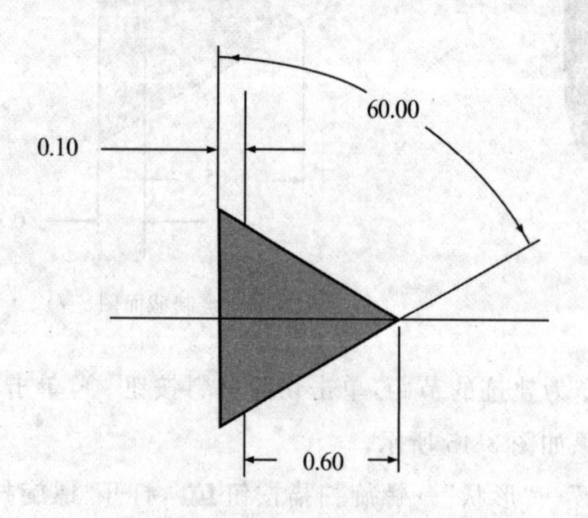

图 3-47 绘制截面图(二)

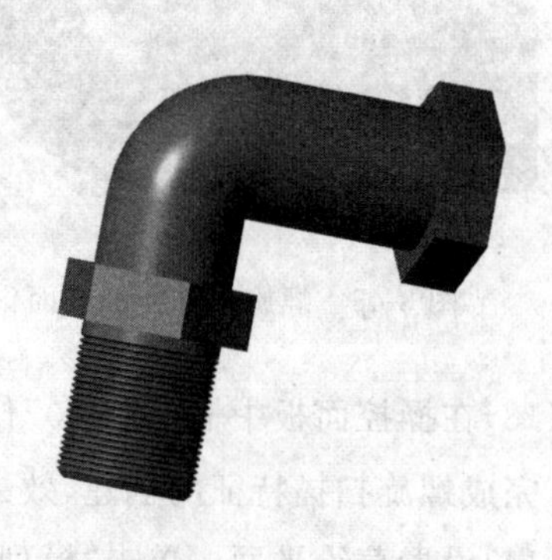

图 3-48 螺纹扫描效果

(18)保存当前文件,并删除旧版本。

(二)餐具

餐具模型如图 3-49 所示。

(1)新建零件文件,在名称栏中输入文件名“CH6-7”。

(2)单击拉伸按钮,在打开的“拉伸特征”操控面板中打开“拉伸”操控面板,单击该面板上的“拉伸为实体”按钮。

单击“放置”→“定义”按钮,在弹出的“草绘”对话框中指定 TOP 面为草绘平面,其余使用系统默认的设置,

图 3-49 餐具模型

单击草绘按钮，进入草绘模式，绘制如图 3-50 所示截面，并单击“确定”按钮，完成草绘。

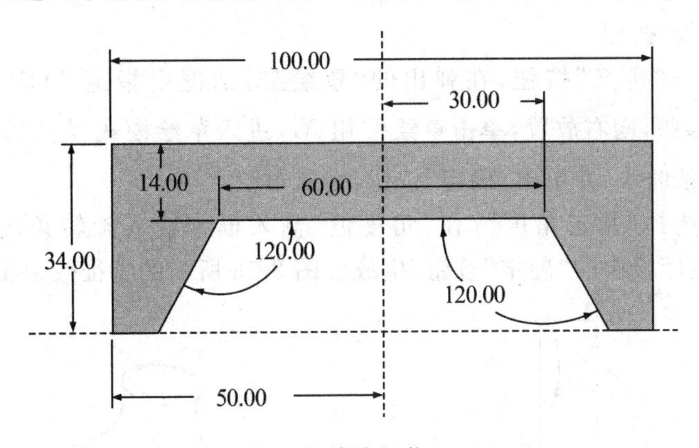

图 3-50　拉伸特征截面(二)

设置拉伸的深度形式为“对称”，在操控面板的“深度值”输入框中输入拉伸距离“100.00”，或在工作区中双击系统默认的拉伸距离，将其改为“100.00”。单击操控面板中的“确定”按钮，生成如图 3-51 所示的特征。

(3)单击拉伸按钮，在打开的“拉伸特征”操控面板中打开“拉伸”操控面板，单击该面板上的“拉伸去材料”按钮。

单击“放置”→“定义”按钮，在弹出的“草绘”对话框中，指定图 3-52 中箭头 1 所指示的面为草绘平面，箭头 2 所指示的面为放置参照，向右放置，单击草绘按钮，进入草绘模式，绘制如图 3-53 所示截面，并单击“确定”按钮，完成草绘。

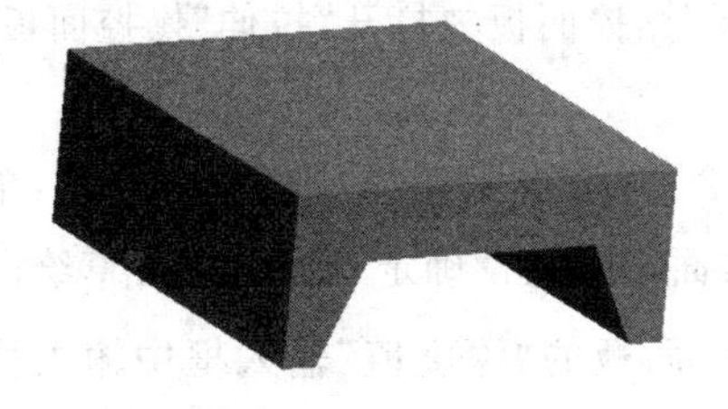

图 3-51　拉伸特征截面(三)

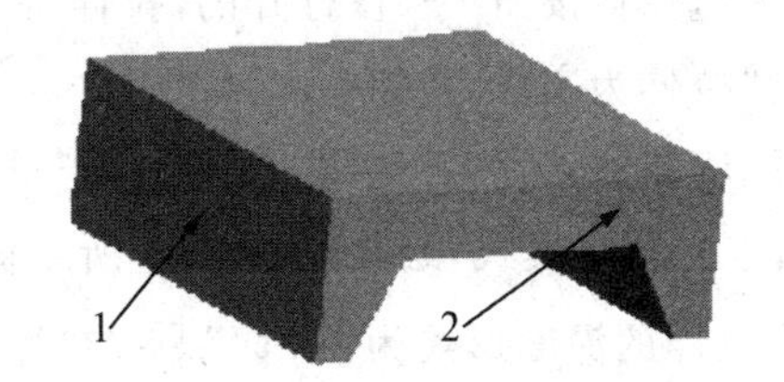

图 3-52　选择草绘面和参照面

设置拉伸的深度形式为“穿透”，单击操控面板中的“确定”按钮，生成如图 3-54 所示的特征效果图。

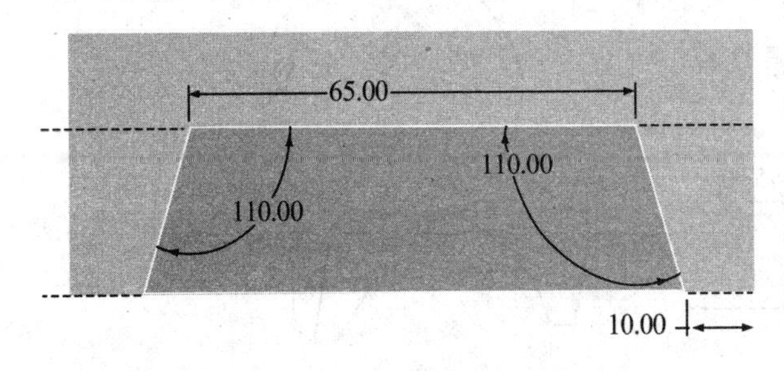

图 3-53　拉伸去材料截面

图 3-54　拉伸去材料后的效果图

(4)单击右侧特征工栏中的旋转按钮，打开“旋转”操控面板，单击该面板上的“旋转为实体”和“薄板”按钮。

单击“位置”→“定义”按钮，在弹出的“草绘”对话框中指定 TOP 面为草绘平面，RIGHT 为放置参照，向右放置，单击草绘按钮，进入草绘模式，绘制如图 3-55 所示的旋转中心线和样条曲线，并单击“确定”按钮，完成草绘。

在操控面板选择“指定角度”，在“角度值”输入框中输入旋转角度“360°”、厚度值“3.00”，单击操控面板中的“确定”按钮，生成如图 3-56 所示的特征效果图。

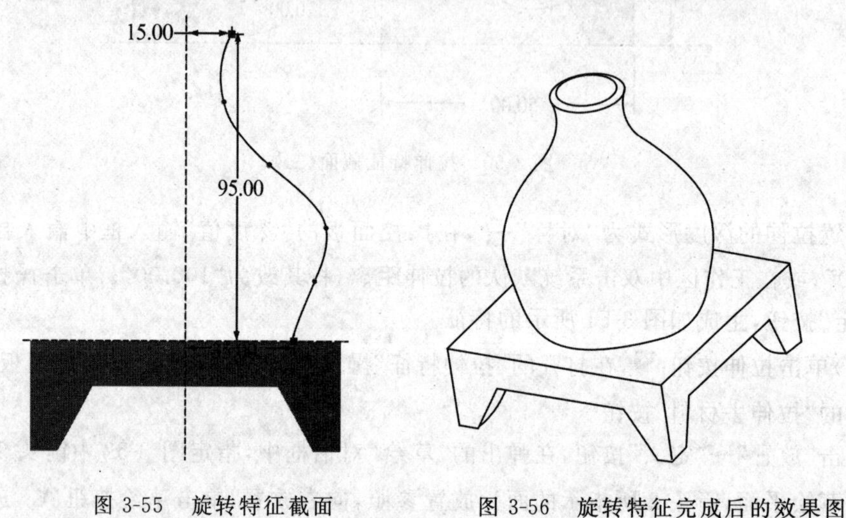

图 3-55　旋转特征截面　　　图 3-56　旋转特征完成后的效果图

(5)单击拉伸按钮，在打开的“拉伸特征”操控面板中打开“拉伸”操控面板，单击该面板上的“拉伸为实体”按钮。

单击“放置”→“定义”按钮，在弹出的“草绘”对话框中选择“使用先前的”，单击草绘按钮，进入草绘模式，绘制如图 3-57 所示截面，并单击“确定”按钮，完成草绘。

设置拉伸的深度形式为“对称”，在操控面板的“深度值”输入框中输入拉伸距离“3.00”，单击操控面板中的“确定”按钮，生成如图 3-58 所示的特征效果图。

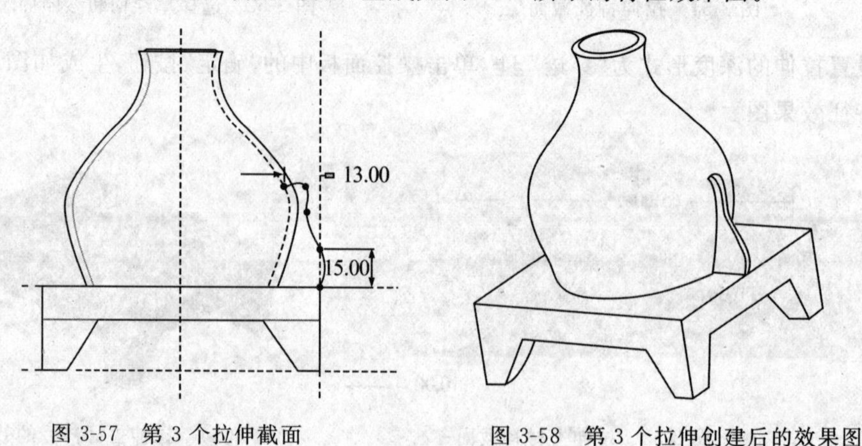

图 3-57　第 3 个拉伸截面　　　图 3-58　第 3 个拉伸创建后的效果图

(6)单击扫描按钮。单击草绘按钮，在草绘环境中绘制扫描轨迹线，然后单击“确定”按钮，退出草图绘制环境，绘制如图 3-59 所示的轨迹线，并在“选项”菜单中选择“合并端”选项。

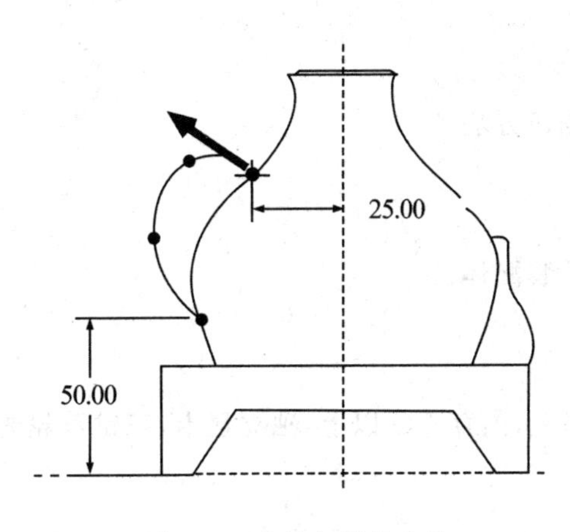

图 3-59　草绘扫描轨迹线

在操纵板中单击绘制界面按钮，进入截面绘制环境，与轨迹垂直的面成为草绘面，绘制如图 3-60 所示的椭圆为扫描截面。

单击草绘命令工具栏中的确定按钮，完成特征剖面的绘制，单击对话框中的“确定”按钮完成扫描特征，如图 3-61 所示。

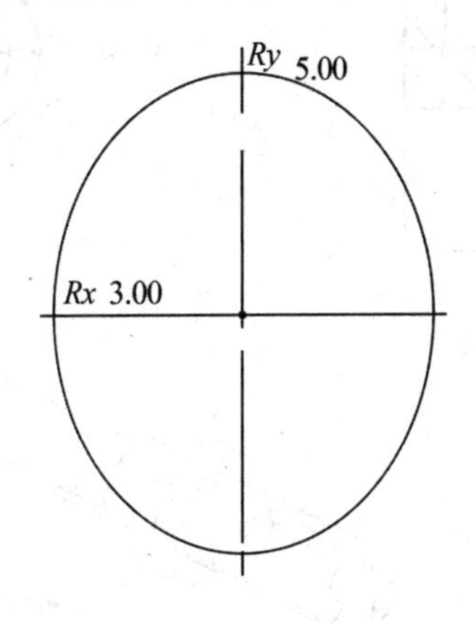

图 3-60　绘制椭圆截面为草绘面

图 3-61　完成扫描特征

(7)保存当前文件，并删除旧版本。

五、思考题

(1)扫描特征和混合特征的异同是什么？

(2)简述创建扫描特征的步骤。

☆装配设计☆

一、实验目的

掌握创建装配体的创建方法。

二、实验内容

创建溢流阀的零件及装配体。

三、实验设备

电脑:CPU 3 GHz 以上,内存 4 G 以上,独立显卡,三键滚轮光电鼠标,Windows 7 或 Windows 10 及以上。

四、练习图形

建立如图 3-62 至图 3-66 所示的 5 个零件,将其组合成如图 3-67 所示的装配体,并设置图 3-68 所示的爆炸图。

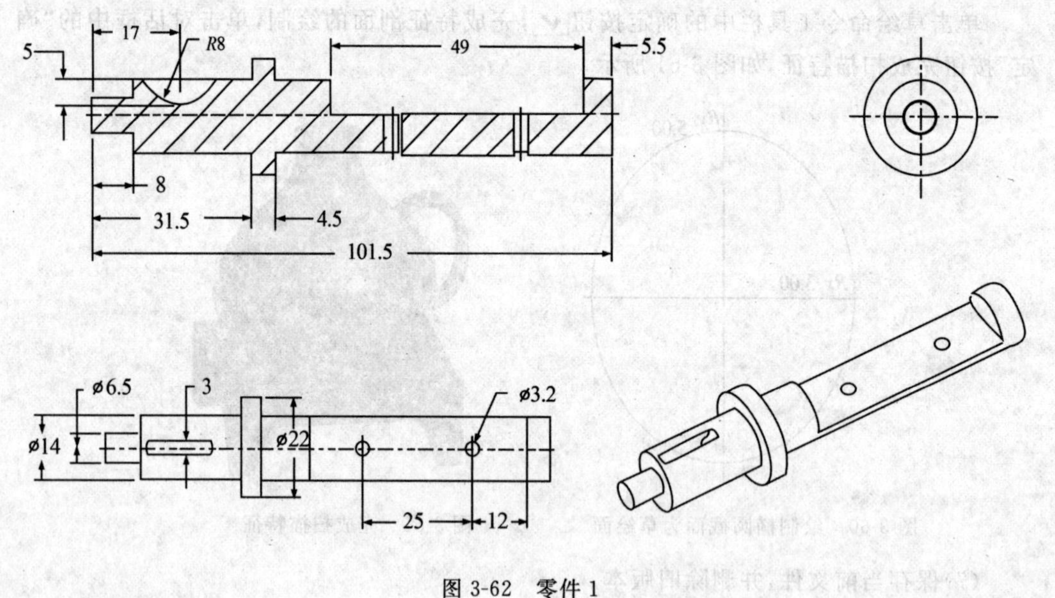

图 3-62　零件 1

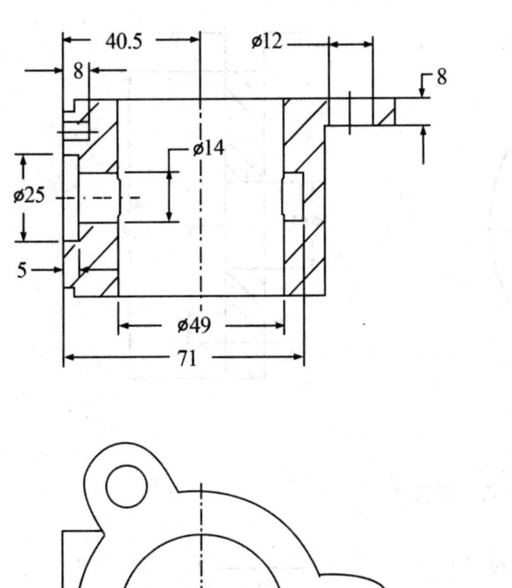

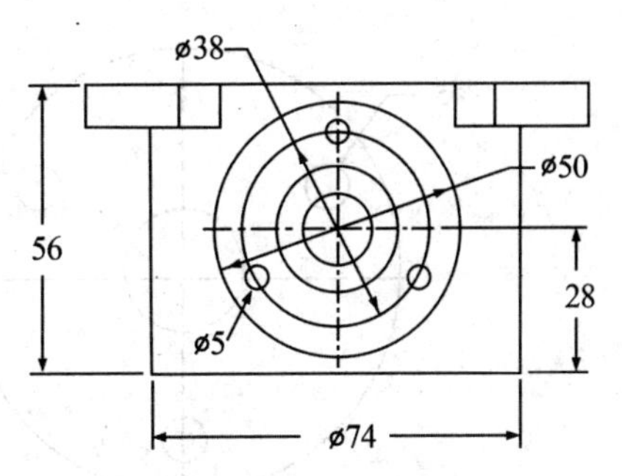

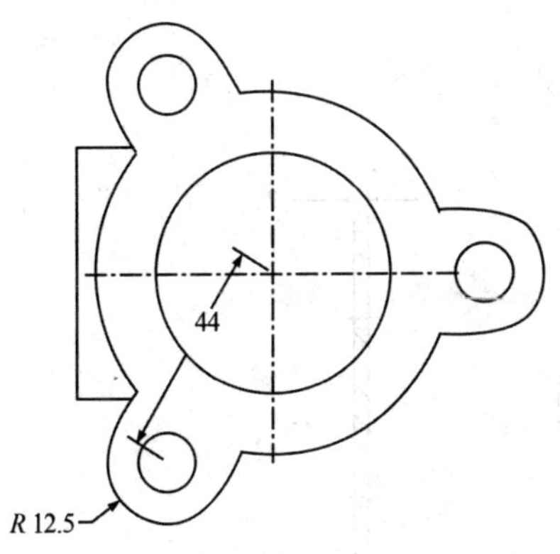

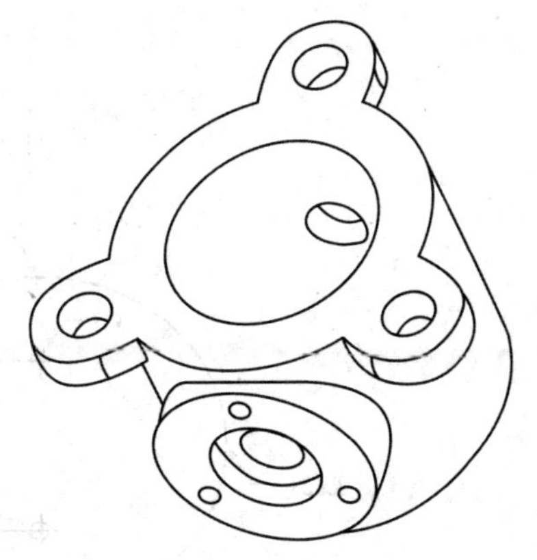

图 3-63 零件 2

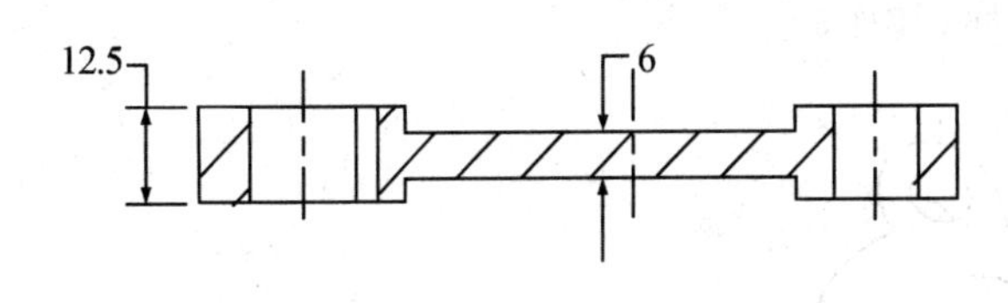

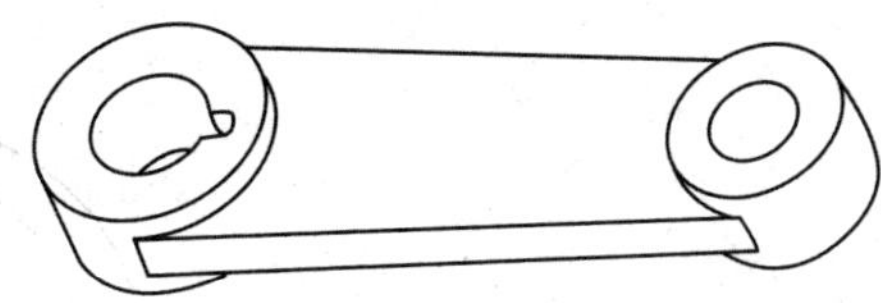

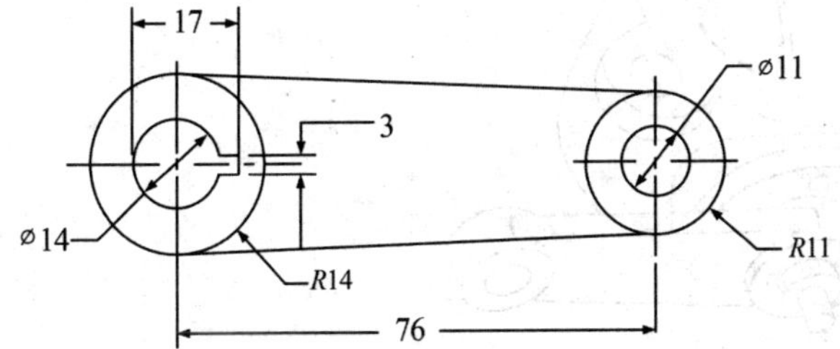

图 3-64 零件 3

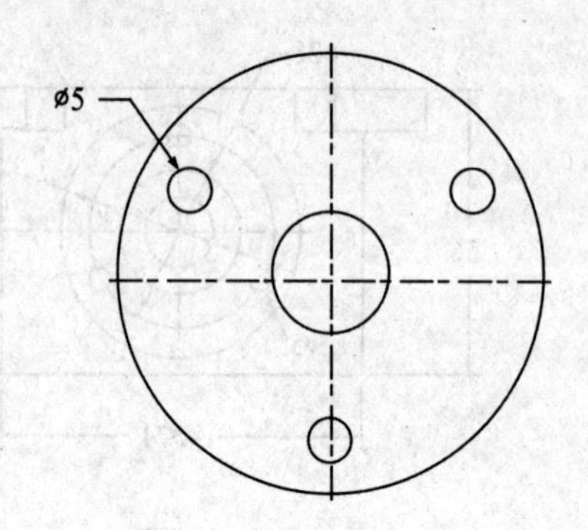

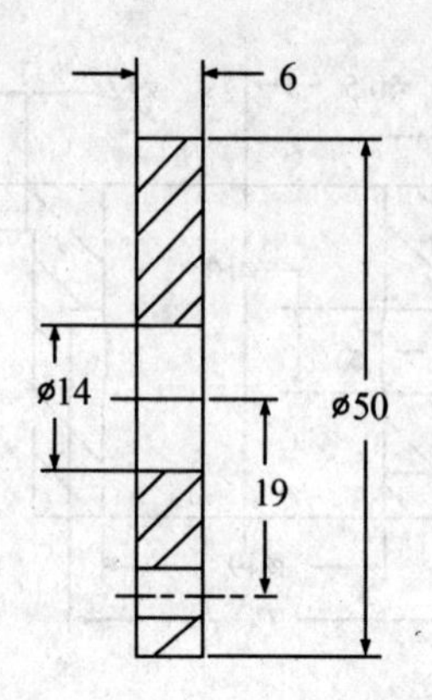

图 3-65　零件 4

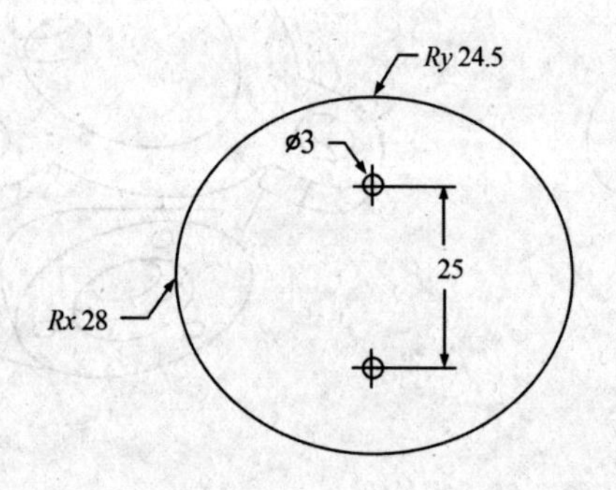

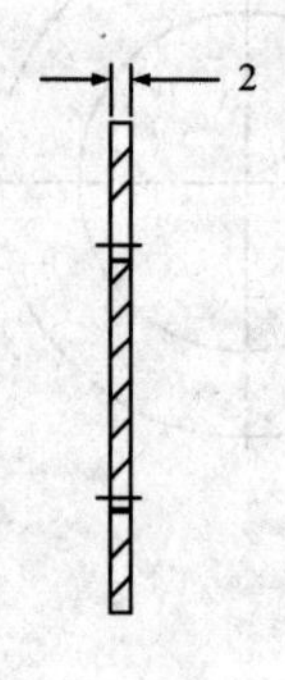

图 3-66　零件 5

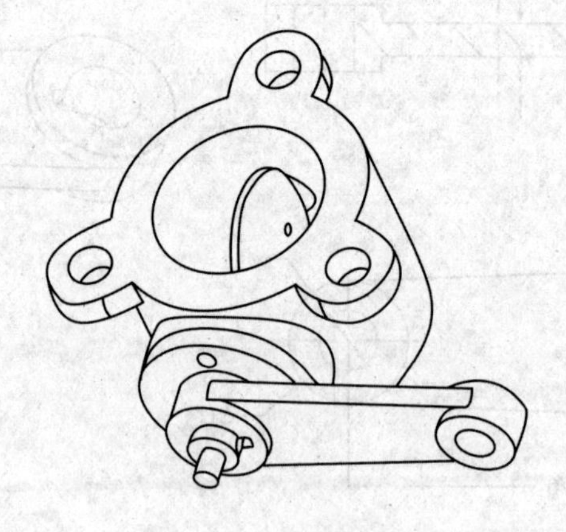

图 3-67　装配体模型

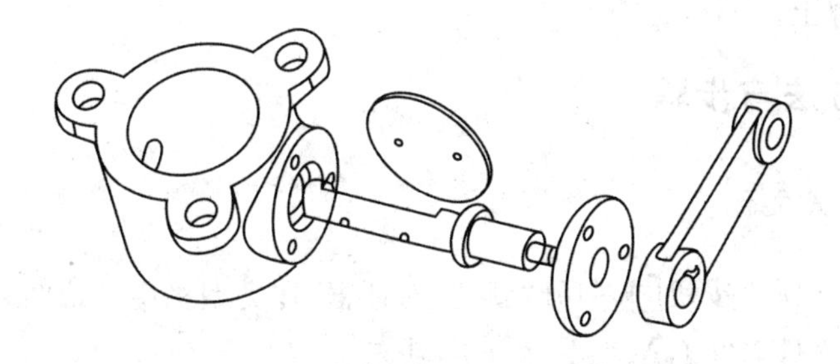

图 3-68　装配体爆炸图

五、思考题

Creo 装配体模块提供了哪几种装配关系？

☆工程图☆

一、实验目的

(1)了解工程图基本知识、工程图模块及视图类型。
(2)掌握一般视图、投影图、详细视图、截面视图、旋转视图的生成方法。
(3)掌握尺寸标注方法、形位公差、表面粗糙度标注方法。
(4)了解移动视图、修改视图、删除视图及拭除与恢复视图方法。

二、实验内容

创建如图 3-69 所示压盖的工程图。

图 3-69　压盖模型

三、实验设备

电脑：CPU 3 GHz 以上，内存 4 G 以上，独立显卡，三键滚轮光电鼠标，Windows 7 或

Windows 10 及以上。

四、实验方法与步骤

(一)新建格式文件

单击“文件”→新建按钮，打开“新建”对话框，在类型栏中选取“格式”，在文件名后的文本框输入新文件名“CHA3”，如图 3-70 所示。

在“新格式”对话框中设置相关属性后，单击“确定”按钮(见图 3-71)，进入工程图格式环境。

提示：如果在“方向”栏中选择“可变”选项，则可以自定义图幅大小。

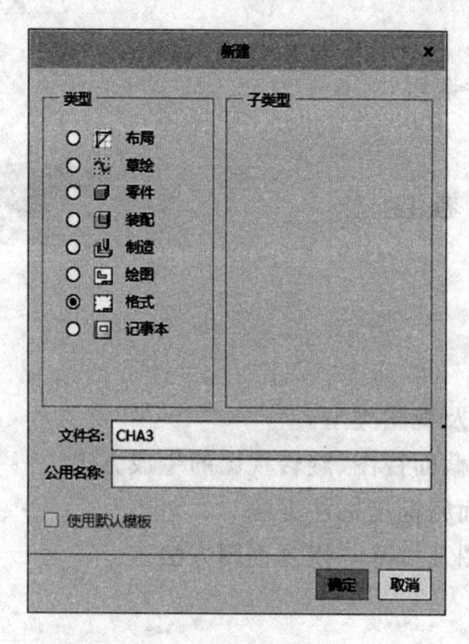

图 3-70 “新建”对话框

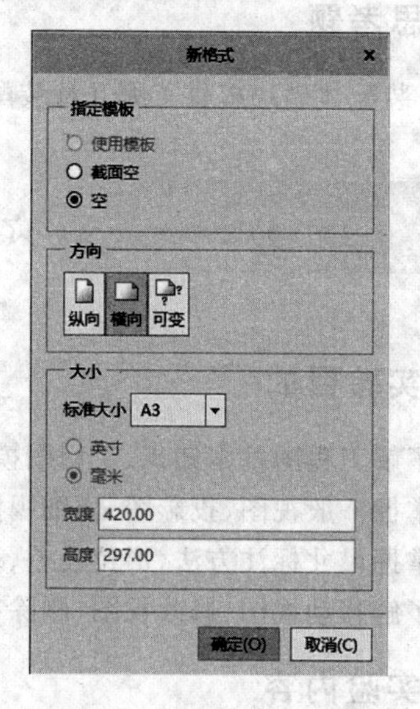

图 3-71 “新格式”对话框

(二)设置格式属性

按下 Alt 键，双击外框边线，打开“修改线体”对话框，在“属性”选项组中设置相关的属性后，单击“应用”按钮，如图 3-72 所示。

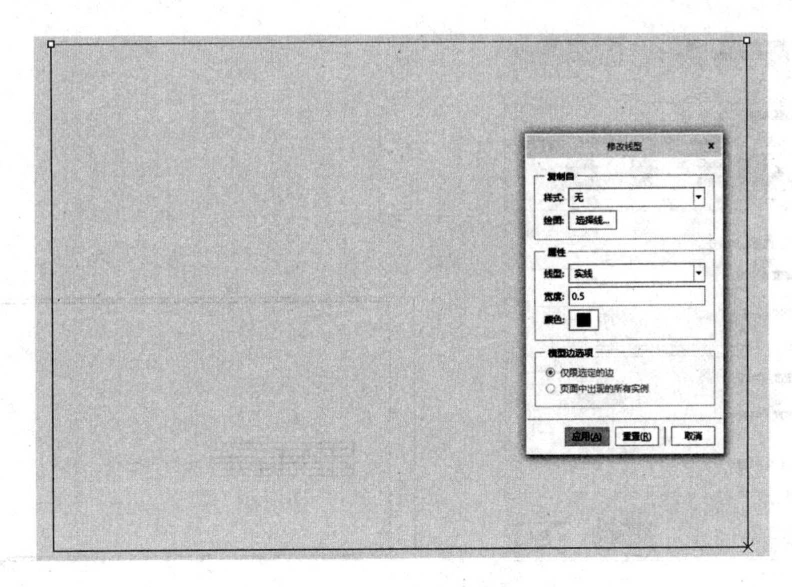

图 3-72　设置格式属性

(三)绘制图框

单击通过边按钮，对直线进行偏移操作，并利用修剪工具修剪多余线段，如图3-73所示。

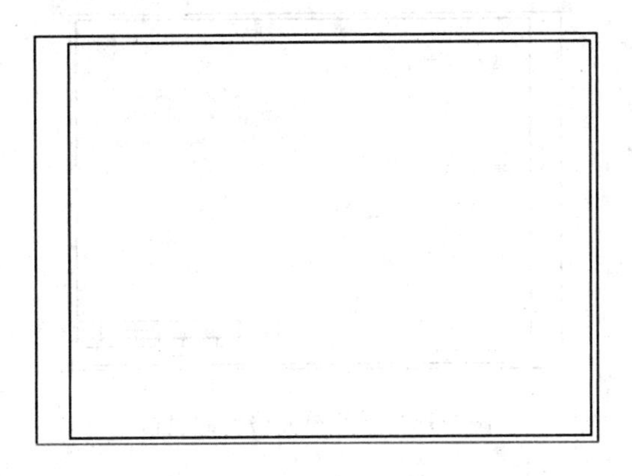

图 3-73　绘制图框

(四)创建标题栏

单击表格按钮。确定表格可在窗口中任一位置，单击放置表格，选择表格属性。在图 3-74 所示的信息提示区的输入框中依次输入表格各列的宽度，列输入完成后单击“确定”按钮，转为行尺寸的输入，行输入完成后单击“确定”按钮，在刚才单击的位置生成如图 3-75 所示的表格。

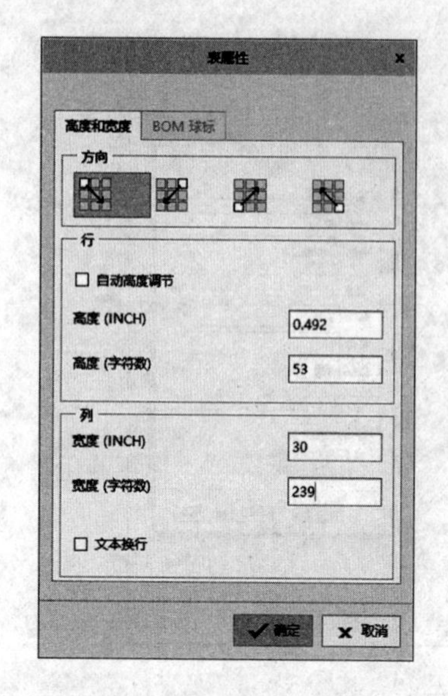

图 3-74　信息提示窗口

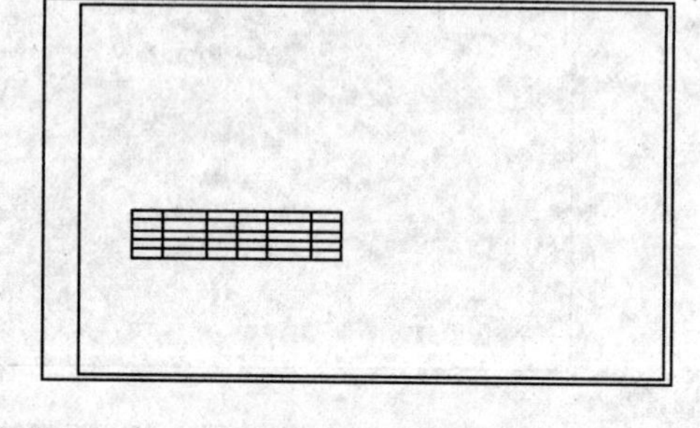

图 3-75　生成表格

通过移动工具按钮，将表格右下角移到图框右下角的位置。

执行“表”→“合并单元格”命令，然后在表格中选择需要合并的相邻单元格，合并后的表格如图 3-76 所示。

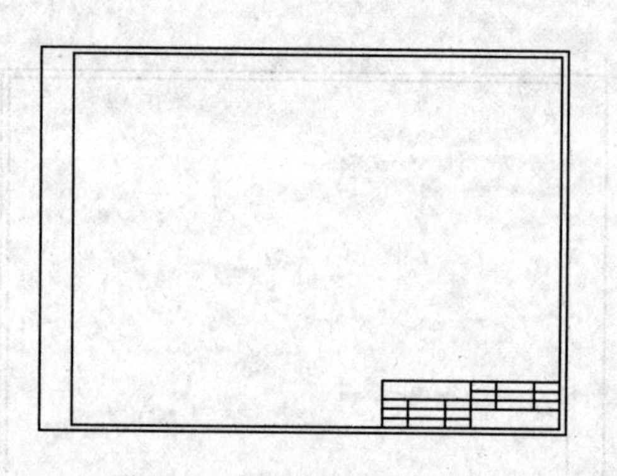

图 3-76　合并单元格后的表格

至此，格式文件创建完毕，保存格式文件。

（五）新建绘图文件

单击“文件”→新建按钮，打开“新建”对话框，在类型栏中选取“绘图”，禁用缺省模板，在名称后的文本框输入新文件名“CH8-6”。

在“新制图”对话框中设置缺省模型为“yagai.prt”，在指定模板栏中选取“格式为空”，并单击格式选项中的“浏览”按钮选取刚创建的格式文件，后单击“确定”按钮，进入工程图格式环境，如图 3-77 所示。

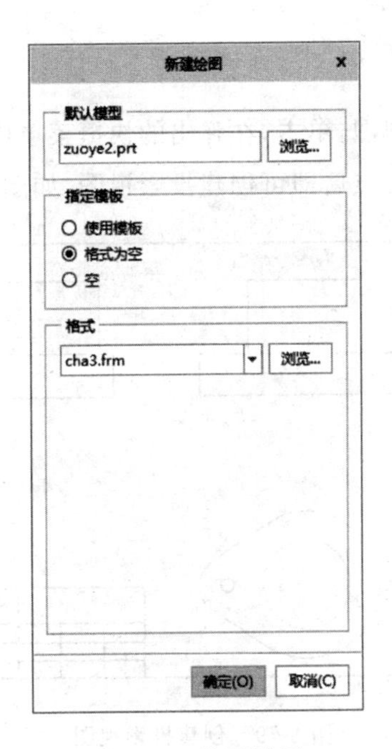

图 3-77　绘图设置

（六）创建普通视图

在“模型视图”面板中选择“普通视图”选项，选择“无组合状态”，在绘图区选取放置视图的中心点，打开“绘图视图”对话框。在该对话框中选取“几何参考”，选取 FRONT 为前参照，TOP 为顶参照，单击“应用”按钮。继续在该对话框的“视图显示”进行设置，设置“显示样式”为“消隐”，“相切边显示样式”为“无”，单击“应用”和“确定”按钮，完成普通视图的创建，如图 3-78 所示。

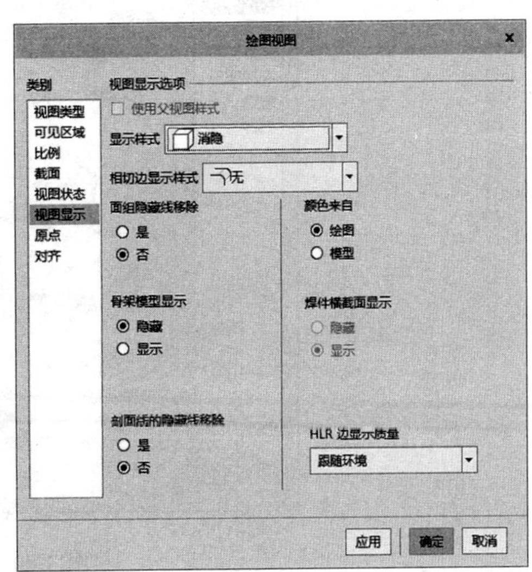

图 3-78　创建普通视图

(七)创建投影视图

选取上一步创建的普通视图,单击,在弹出的快捷菜单中选择插入投影视图选项[图标],在绘图区选取放置视图的中心点后即可创建投影视图,如图 3-79 所示。

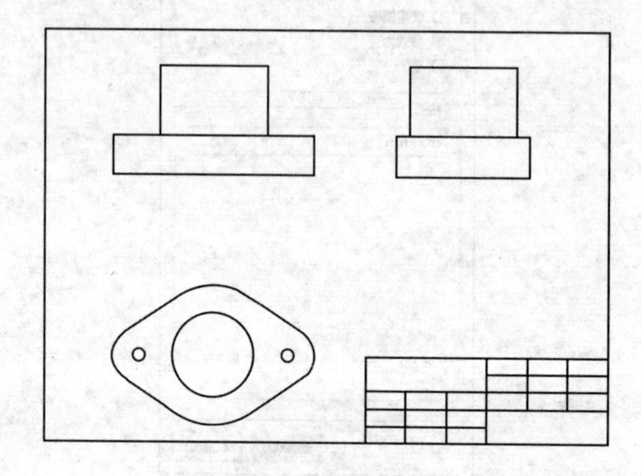

图 3-79 创建投影视图

(八)视图修改

调整绘图视图的比例。在"自定义比例"中输入新的比例值,并将视图移动到相应位置,如图 3-80 所示。

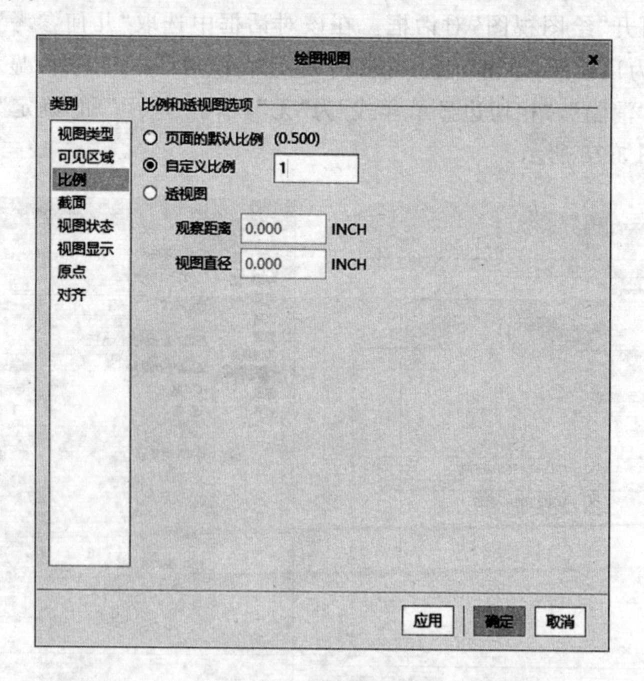

图 3-80 修改比例

双击普通视图,在打开的"绘图视图"对话框中选取"类别"中的"截面"选取项,然后选取“2D横截面”，并单击对话框中的[+]按钮。在弹出的“剖面创建”菜单管理器中选择“平面”→“单一”→“完成”选项，接着在信息栏中输入截面名称“A”，然后单击“确定”按钮。在绘图区中选取FRONT作为剖切平面的剖切位置，完成剖切平面的建立。在“绘图视图”对话框中设置“剖切区域”为“完整”，单击“应用”按钮，完成剖切面的建立，如图3-81所示。

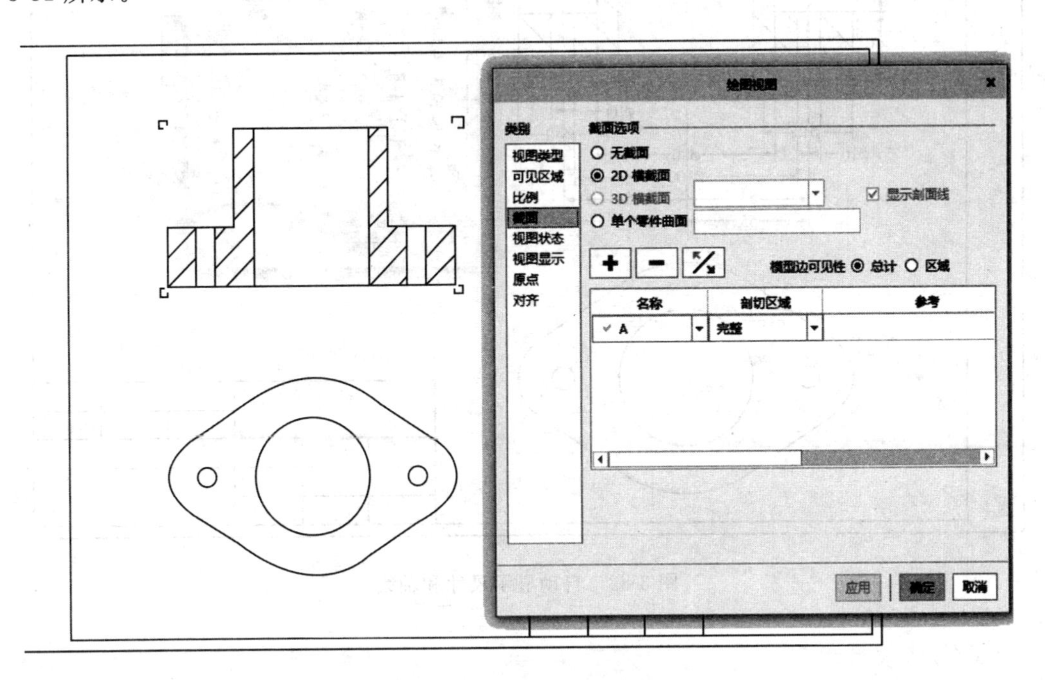

图3-81　创建全剖视图

（九）显示尺寸和轴线

单击显示模型注释按钮，打开“显示模型注释”对话框，然后单击显示模型尺寸按钮，单击显示模型基准按钮，在“类型”中选取“全部”，系统自动标注出模型中所有的尺寸和各旋转特征的轴线，再选择接受全部按钮，系统便完成对尺寸和轴线的自动标注，如图3-82所示。

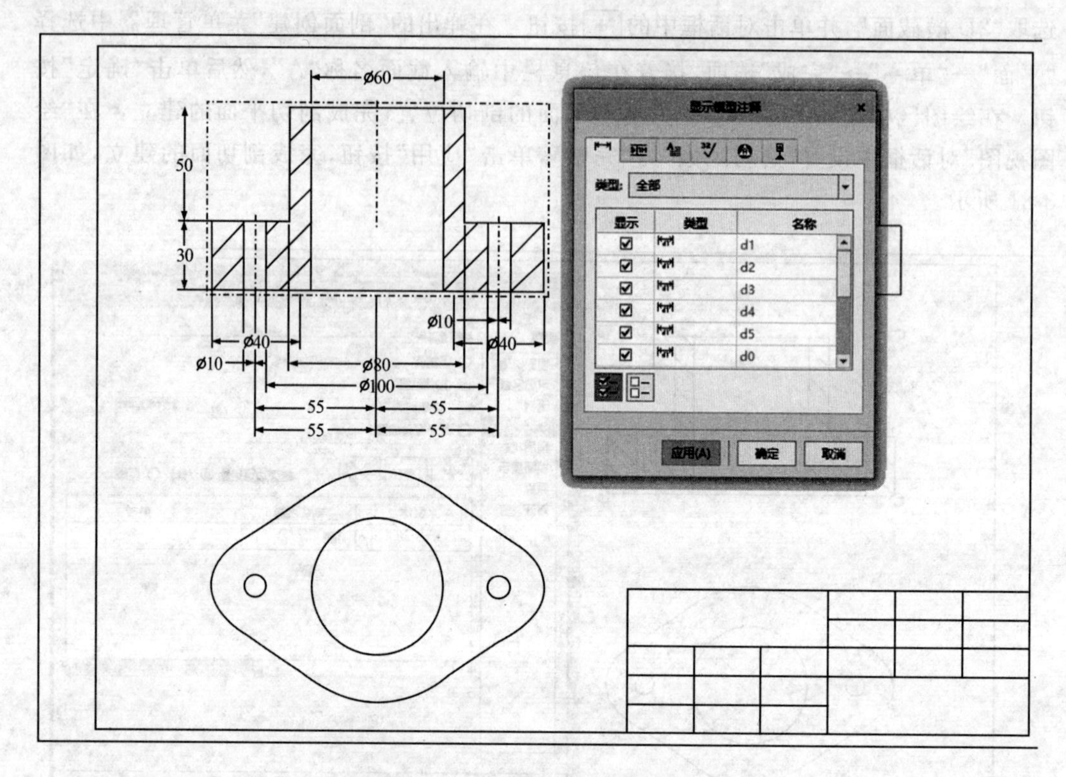

图 3-82　自动显示尺寸和轴线

（十）修改尺寸

选中图中不需要的尺寸，按 Delete 键进行删除。

单击“注释”→“注释”→尺寸按钮，弹出“选择参考”对话框，单击“选择图元”选项，对线段或圆进行尺寸标注，点击鼠标中键确认，选中图 3-82 中俯视图的尺寸 $R20$ 和 Ø100，右击，修改尺寸后的效果如图 3-83 所示。

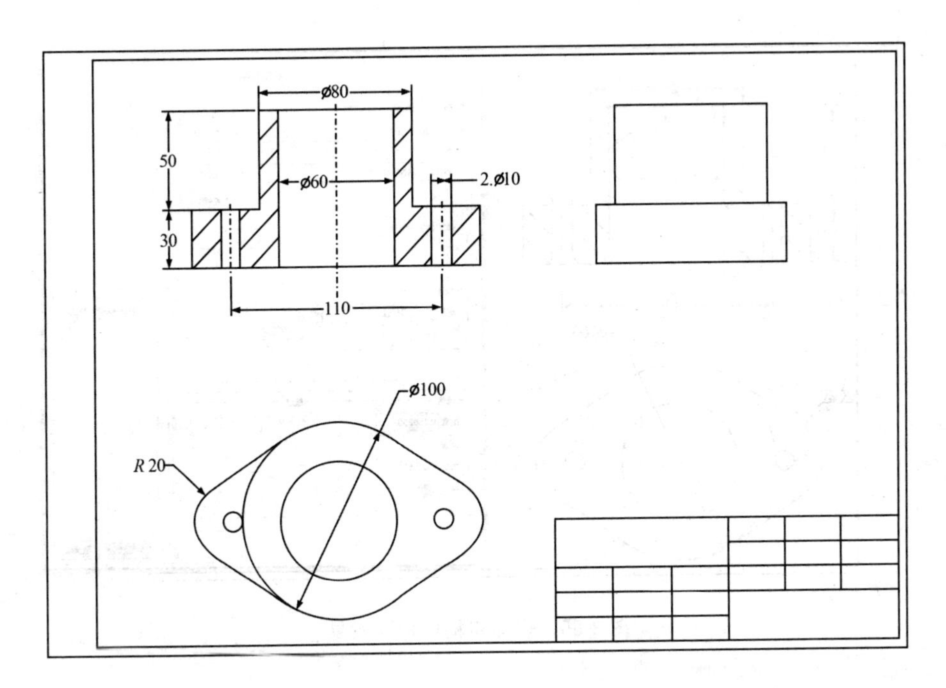

图 3-83　修改后的尺寸标注

(十一)标注表面粗糙度

执行“注释”→“表面粗糙度”命令,弹出如图 3-84 所示的“打开”文件对话框。

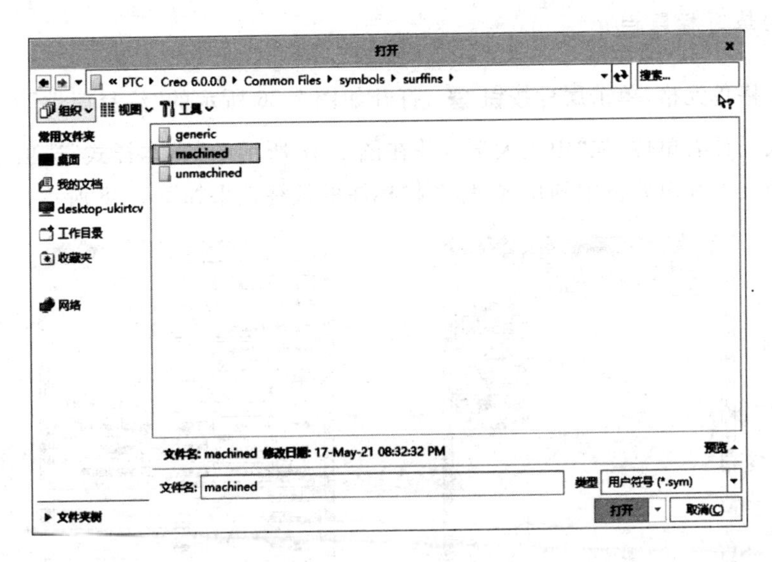

图 3-84　“打开”文件对话框

选择 machined 文件夹,打开 standard1.sym 文件,在弹出的菜单管理器中选择放置类型为“图元上”,选择 Ø60 圆柱内表面,并将菜单管理器中可变文本的输入粗糙度值设置为“1.6”,点击鼠标中键确认,完成标注,如图 3-85 所示。

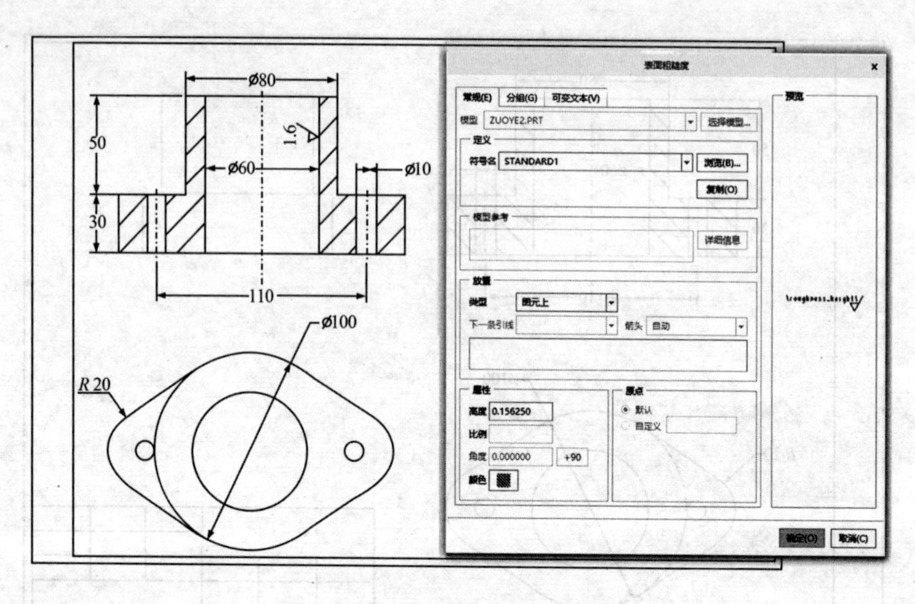

图 3-85 表面粗糙度标注效果

(十二)添加注释

单击创建注释按钮 ,然后在“选择点”菜单中选择注释起点。在“输入注释”文本框中输入文本后,按回车键,完成注释的添加。

(十三)填写标题栏

单击表格单元格,单击属性按钮 ,打开如图 3-86 所示的“注释属性”对话框,在对话框中输入设计者单位,如“山东大学”,并在图 3-87 所示的“文本样式”选项卡中修改字体的大小和文本在单元格中的位置,标题栏标注的最终效果如图 3-88 所示。

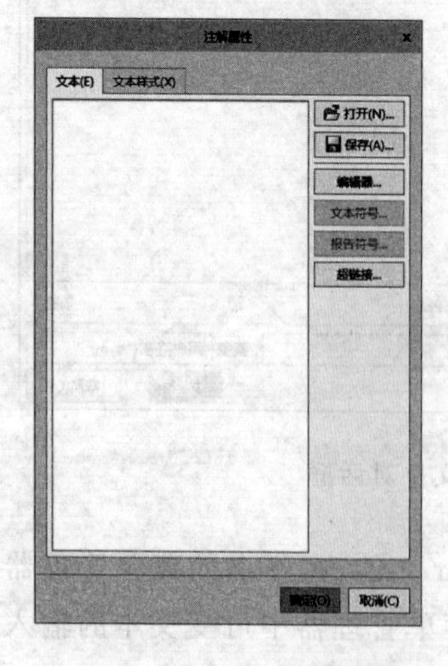

图 3-86 “注释属性”对话框

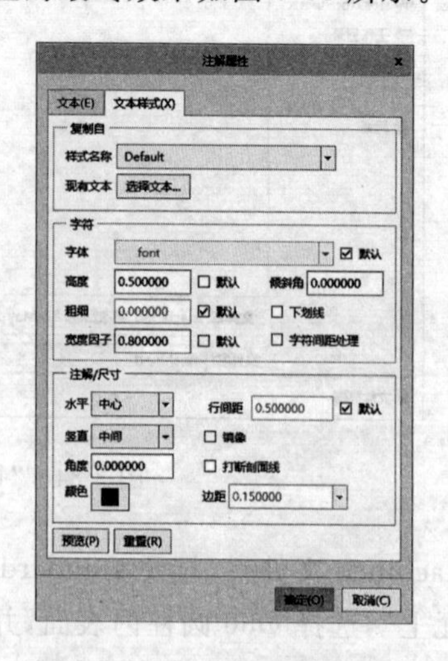

图 3-87 “文本样式”选项卡

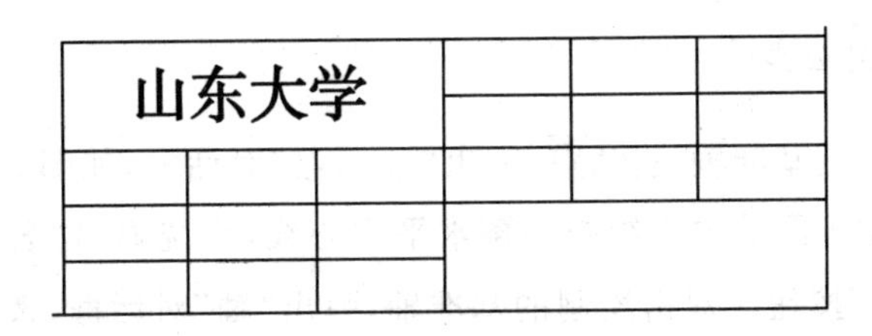

图 3-88　标题栏标注效果

(十四)修改绘图选项

单击“文件”→“准备”→“绘图属性”→“详细信息更改项”,进入工程图配置选项编辑环境。在配置搜索框中搜索“tol_display”,其值设为“yes”,这样就可以修改尺寸让其显示尺寸公差。

(十五)显示尺寸的极限偏差

选取尺寸 Ø60,系统弹出“尺寸”工具栏,如图 3-89 所示,单击公差选项,公差显示的模式分成 5 种,为公称、基本、极限、正负、对称,分别表示显示不带公差的公称尺寸值、显示基本尺寸值、显示尺寸的上下限值、显示有正负公差的名义尺寸、显示有对称公差的名义尺寸。

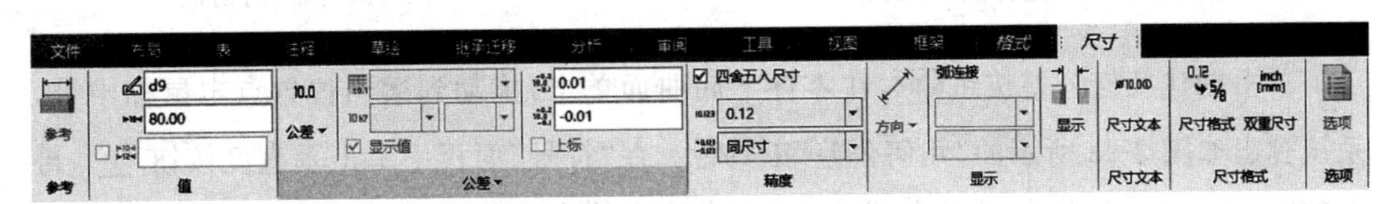

图 3-89　“尺寸”工具栏

选择“公差显示”模式为“正负”,并继续在上、下公差框格中分别输入“0.30”“−0.01”,完成对尺寸公差的标注,如图 3-90 所示。

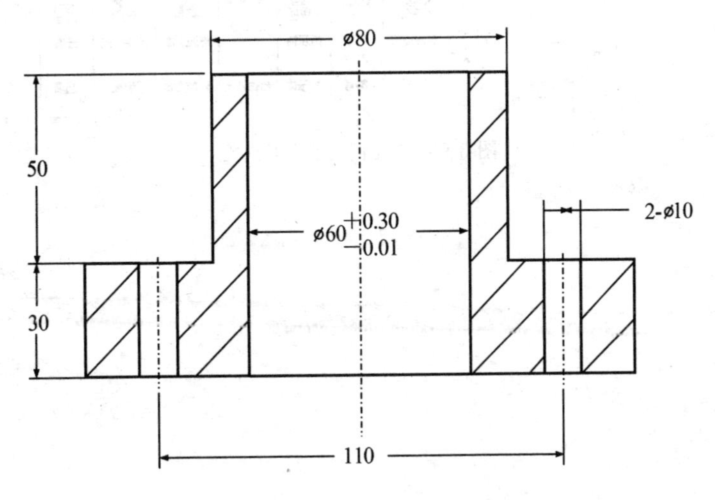

图 3-90　尺寸公差的显示效果

（十六）标注几何公差

单击“注释”→绘制基准轴按钮，弹出“选择点”对话框，如图 3-91 所示。选择“自由点”选项，然后过主视图的中心绘制一条水平中心线，系统弹出“名称”文本框，输入名称为“C”，单击“确定”按钮。双击绘制的基准轴，弹出“轴”对话框，选择显示类型为-A-，如图 3-92 所示，单击“确定”按钮，创建基准轴。

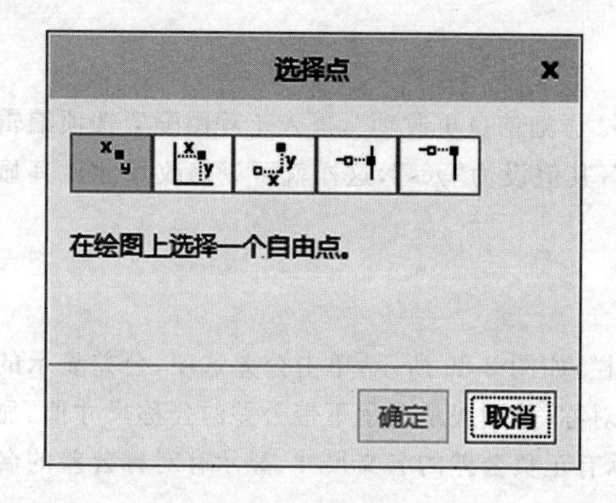

图 3-91 “选择点”对话框

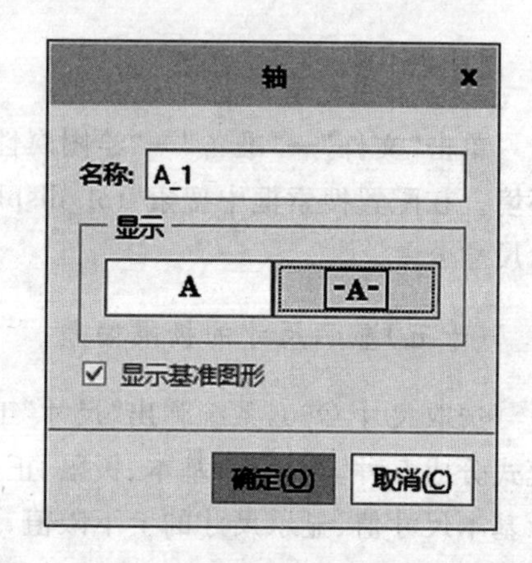

图 3-92 “轴”对话框

单击创建几何公差按钮，在零件下底曲面单击，拖动到适当位置点击鼠标中键，系统弹出如图 3-93 所示的“几何公差”工具栏。在“符号”面板中单击垂直度按钮 ⊥，再在“公差和基准”面板的“主要基准参考”文本框中输入“C”，将总公差设置为“0.02”。单击对话框中的“确定”按钮，完成形位公差的标注，如图 3-94 所示。

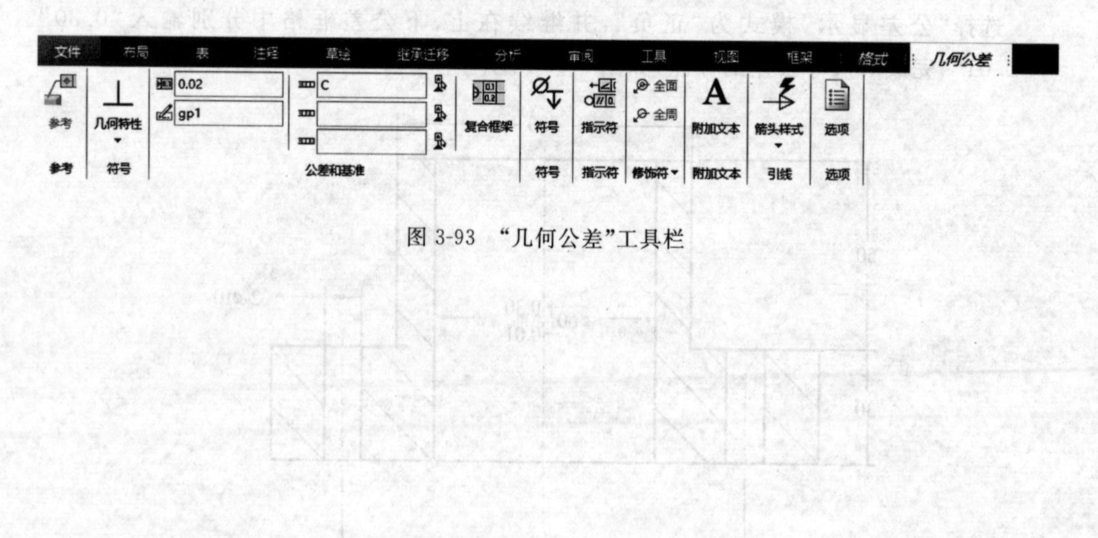

图 3-93 “几何公差”工具栏

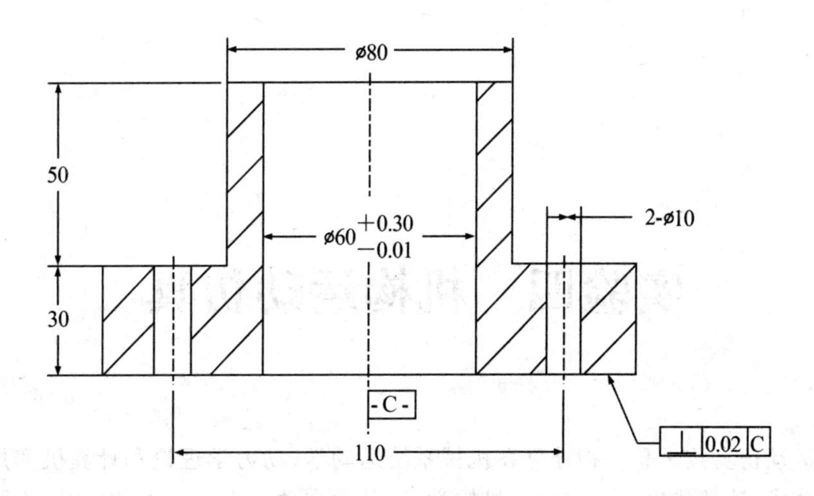

图 3-94　创建几何公差

五、思考题

Creo 工程图模块提供了几种类型的视图？

实验四　机构运动仿真

机械运动仿真技术是一种建立在机械系统运动学、动力学理论和计算机实用技术基础上的新技术，涉及建模、运动控制、机构学、运动学和动力学等方面的内容，主要是利用计算机来模拟机械系统在真实环境下的运动和动力特性，并根据机械设计要求和仿真结果，修改设计参数直至满足机械性能指标要求，或对整个机械系统进行优化。

通过机械系统的运动仿真，不但可以对整个机械系统进行运动模拟，以验证设计方案是否正确合理、运动和力学性能参数是否满足设计要求、运动机构是否发生干涉等，还可以及时发现设计中可能存在的问题，并通过不断改进和完善，严格保证设计阶段的质量，从而缩短了机械产品的研制周期，提高了设计成功率，不断提高产品在市场中的竞争力。因此，机械运动仿真当前已经成为机械系统运动学和动力学等方面研究的一种重要手段和方法，并在交通、国防、航空航天以及教学等领域都得到了非常广泛的应用。

一、实验目的

(1)了解装配连接类型、约束类型和软件环境设置。

(2)学会零件装配与连接的基本方法、组件分解图的建立方法。

(3)掌握机械运动仿真的建立，以及组件的装配间隙与干涉分析。

二、实验内容

(1)曲柄滑块机构零件模型的建立。

(2)曲柄滑块机构的组装。

(3)曲柄滑块机构的运动仿真分析。

三、实验设备

计算机、Creo 软件。

四、实验步骤

创建如图 4-1 所示的机构，其中曲柄长度为 30 mm，连杆长度为 100 mm，e 为 5 mm。

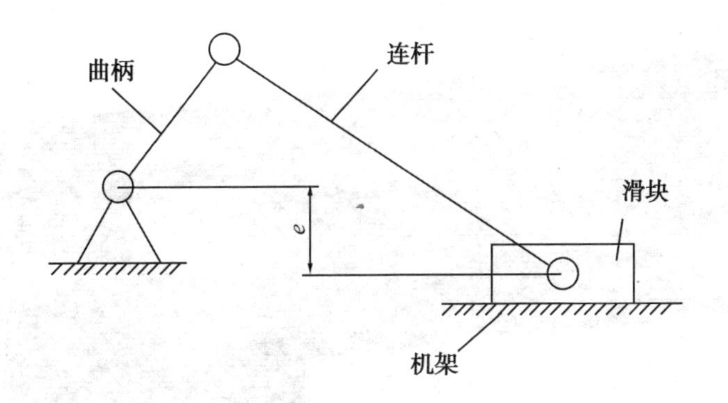

图 4-1　机构简图

(一)曲柄滑块机构零件模型的建立

1.机架

启动软件,新建文件:选择“零件”→“实体”,文件名为“jijia-1”。

使用多次拉伸的方法,建立曲柄滑块机构的第一个构件——机架。机架草图如图4-2所示。

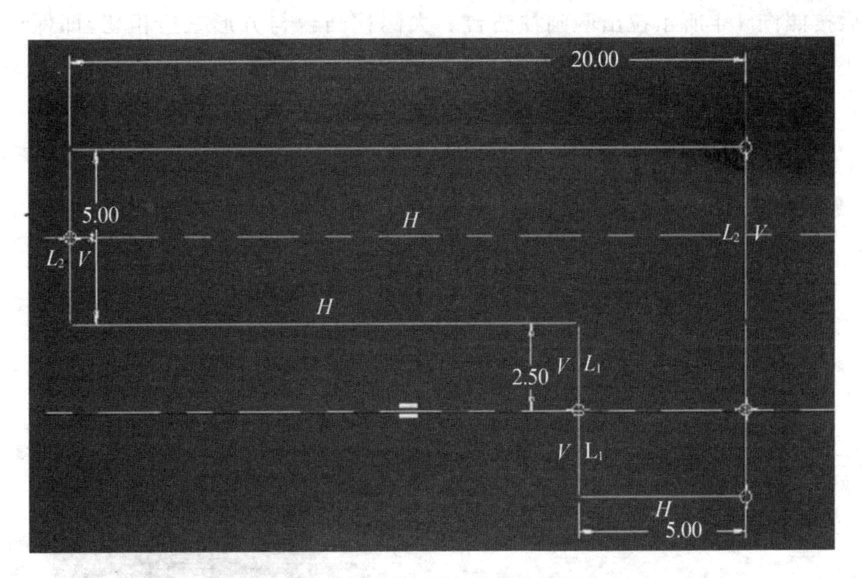

图 4-2　机架草图

确定打钩,对称拉伸,拉伸距离为 5,再如图 4-3 所示拉伸圆柱,圆直径为 5,拉伸距离为 140。

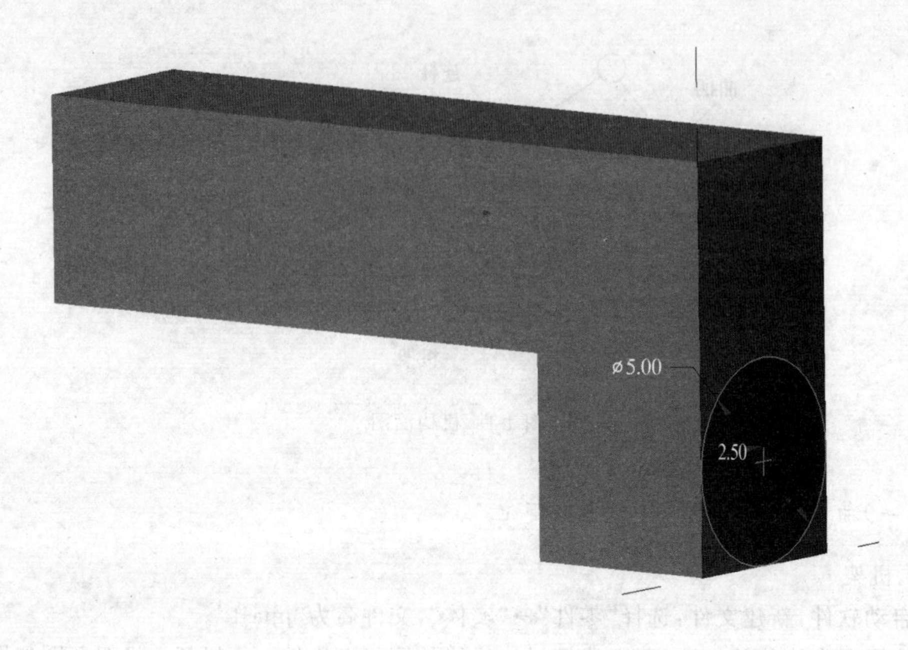

图 4-3 拉伸圆柱

然后按照图 4-4 所示拉出两圆柱凸台。大圆柱凸台与方形三边相切，即保证偏心距 e 为 5，小圆柱凸台直径为 3，长度为 3。画完后如图 4-5 所示。

图 4-4 拉伸凸台

图 4-5　机架

2.曲柄

画曲柄,新建零件,名称为“qubing-1”,如图 4-6 所示,拉伸草绘。

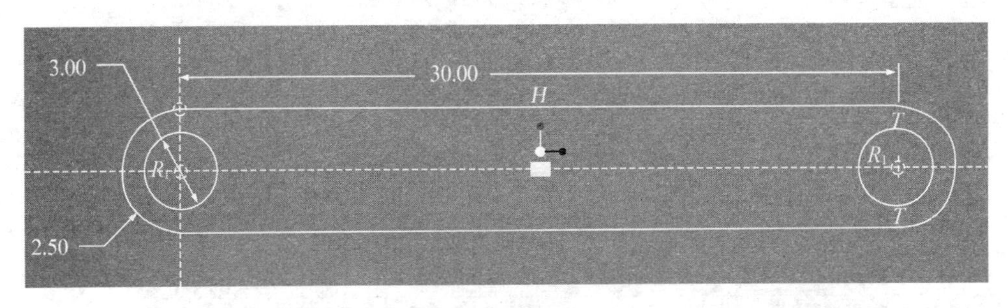

图 4-6　曲柄草图

拉伸距离为 3,画完后如图 4-7 所示。

图 4-7　曲柄

3.连杆

画连杆,新建零件,名称为“liangan-1”,如图 4-8 所示,拉伸草绘,只在一边画圆拉伸孔。

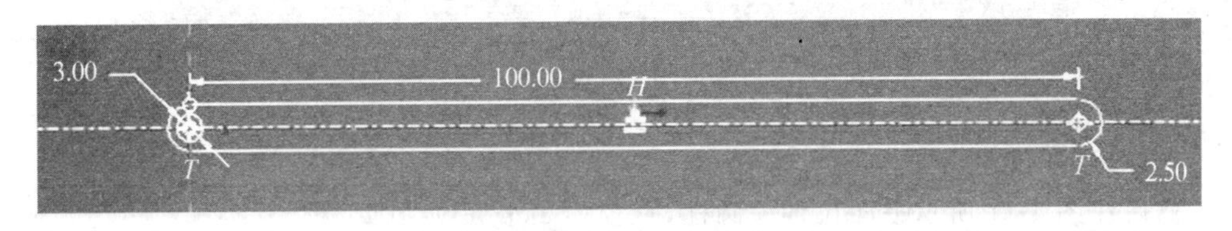

图 4-8　连杆草图

再在另一边拉伸凸台,如图 4-9 所示,凸台与 $R2.5$ 同心,高度为 3。

图 4-9　连杆

4.滑块

最后画滑块,文件名为“huakuai-1”,如图 4-10 所示。

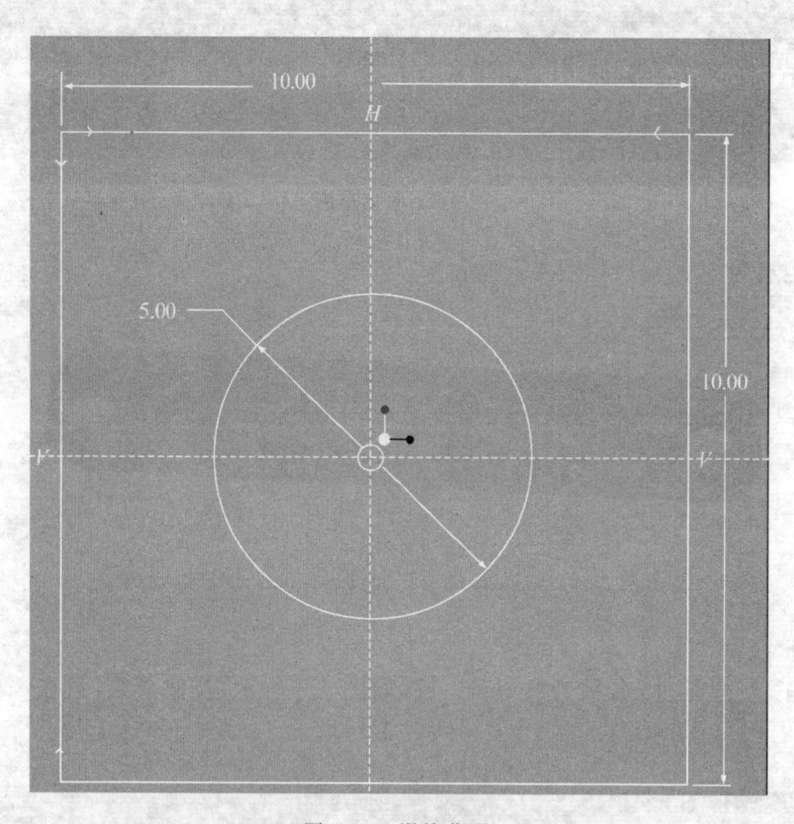

图 4-10　滑块草图

对称拉伸,拉伸长度为 10。

然后在图 4-11 所示平面拉伸一圆柱,直径为 3,长度为 10。

图 4-11　滑块

(二)装配

(1)新建名称为“zhuangpei”的组件,如图 4-12 所示。

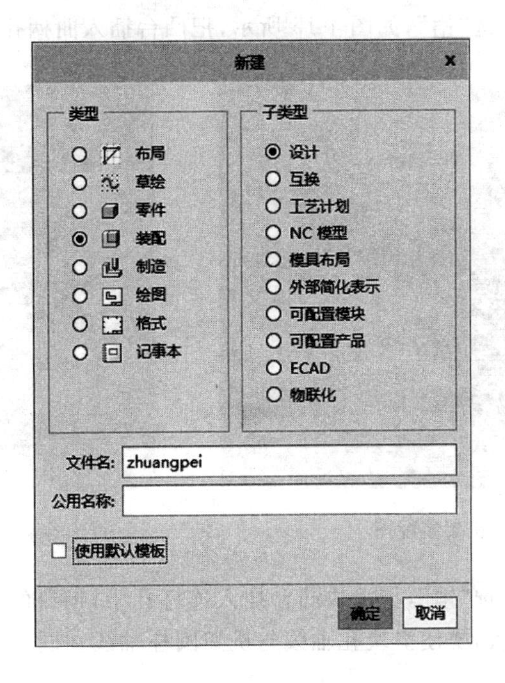

图 4-12　“新建”对话框

(2)插入机架,位置缺省,然后插入曲柄,约束类型选“销”,如图 4-13 所示。

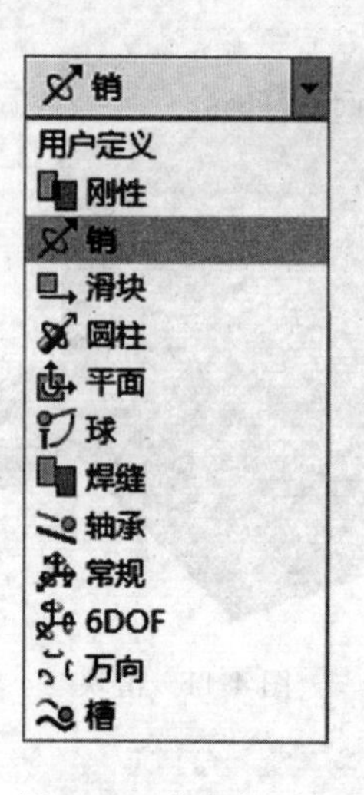

图 4-13　信息提示框

装配完如图 4-14 所示。

(3)插入连杆,同样选“销”,如图 4-15 所示,把凸台插入曲柄孔中。

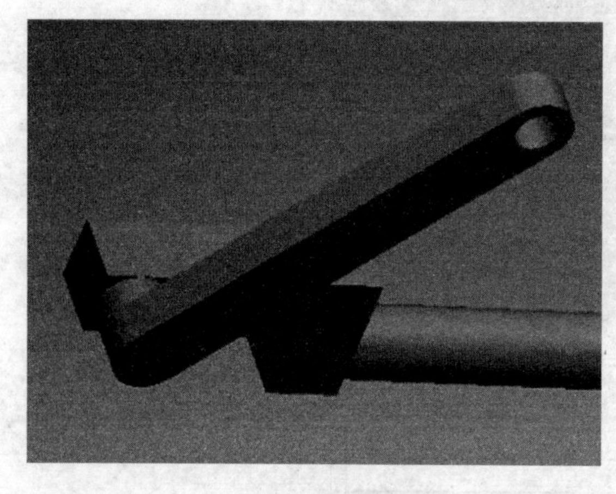

图 4-14　机架装配图

图 4-15　连杆装配图

(4)插入滑块,首先选“销”,把滑块凸台插入连杆孔中,销钉的平移不能选重合,选偏距,距离计算好后再输入,要使滑块孔轴线与机架圆柱轴线在同一基准平面内,如图 4-16 所示。

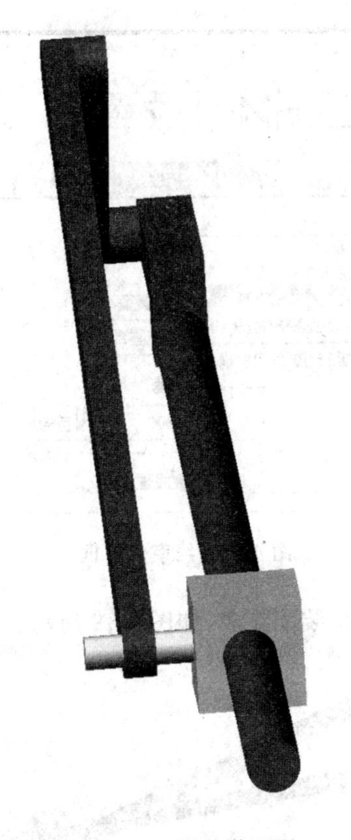

图 4-16　滑块装配图

然后选放置里面的新设置，如图 4-17 所示。

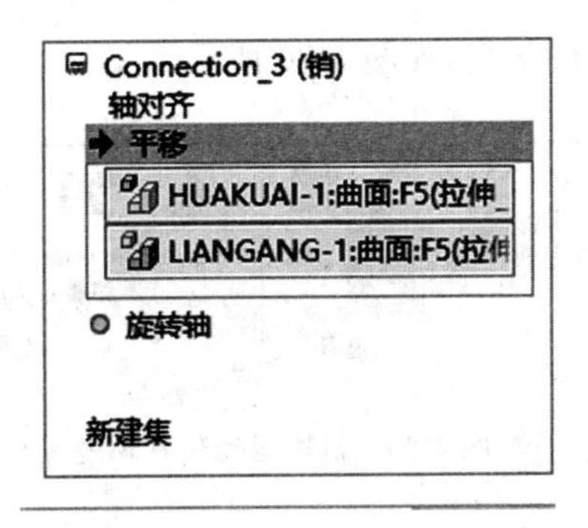

图 4-17　信息提示框

注意，这里的集类型选圆柱，如图 4-18 所示。

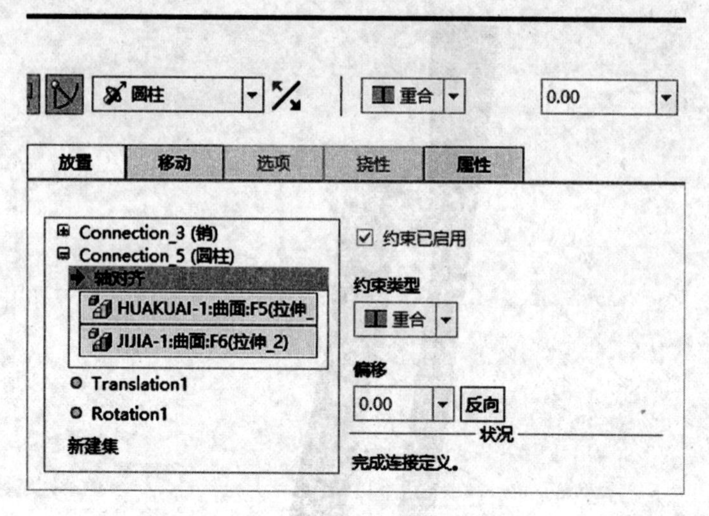

图 4-18　约束对话框

最后选择滑块孔和机架轴，装配完成，如图 4-19 所示。

图 4-19　机构装配图

(三)运动仿真

(1)选择应用程序下面的机构，如图 4-20 所示。

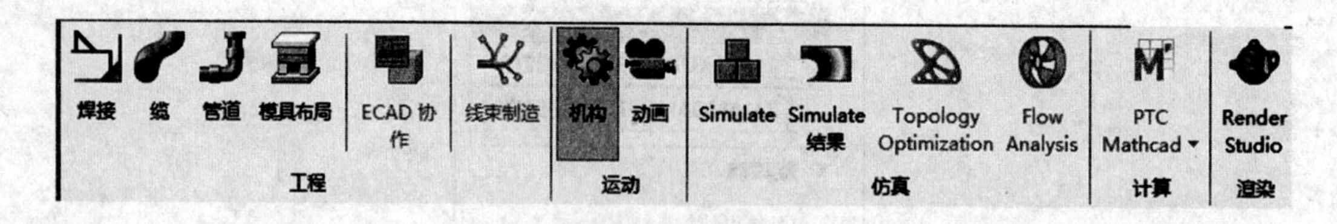

图 4-20　机构运动仿真环境

进入机构运动仿真环境，窗口左侧出现运动仿真特征树，右侧显示运动分析工具栏。

(2)设置主动件。单击工具中的伺服电机按钮，在弹出的窗口中，选择曲柄与机架的铰接轴作为运动轴，即指定曲柄为主动件，来产生回转运动，如图 4-21 和图 4-22 所示。

图 4-21 伺服电机定义类型

图 4-22 伺服电机定义零件选取

然后单击轮廓，把位置改为速度，系数处输入“10”，意思为 10 度/秒，如图 4-23 所示。

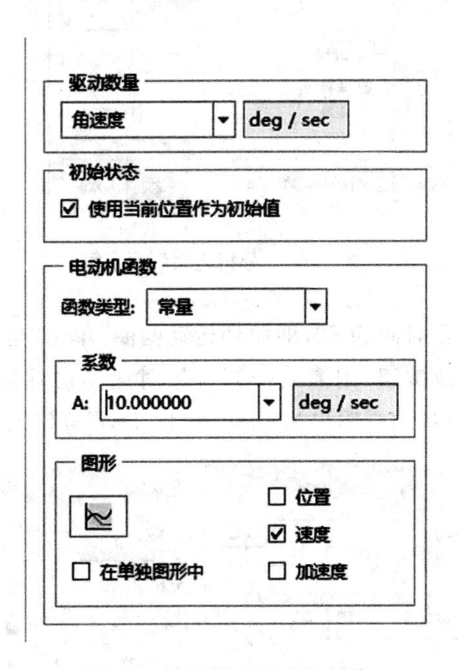

图 4-23 伺服电机定义轮廓

(3)单击机构分析，出现如图 4-24 所示对话框。

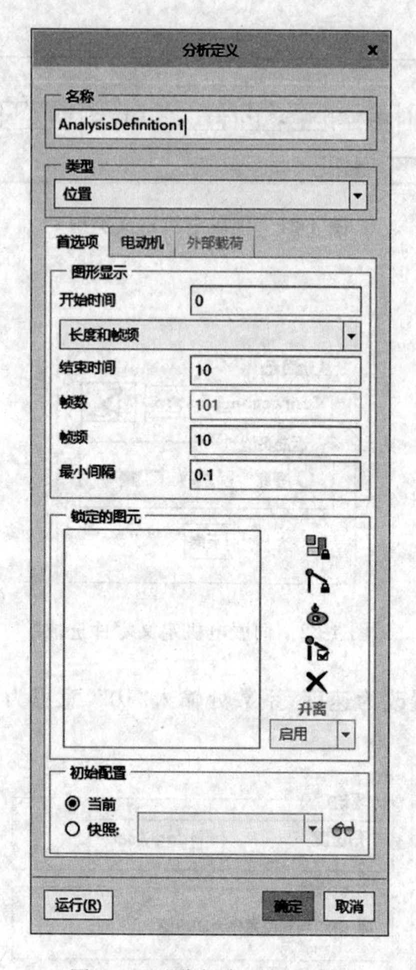

图 4-24 “分析定义”对话框

位置改为运动学,终止时间为 72,即曲柄运动两圈,单击“运行”按钮,机构开始运动。

(4)单击工具中的回放按钮,用播放控制按钮对运动仿真进行回放。单击“捕获”按钮,在弹出的窗口中,可以将动画输出为“.mpeg”和“.avi”等格式,如图 4-25 所示。

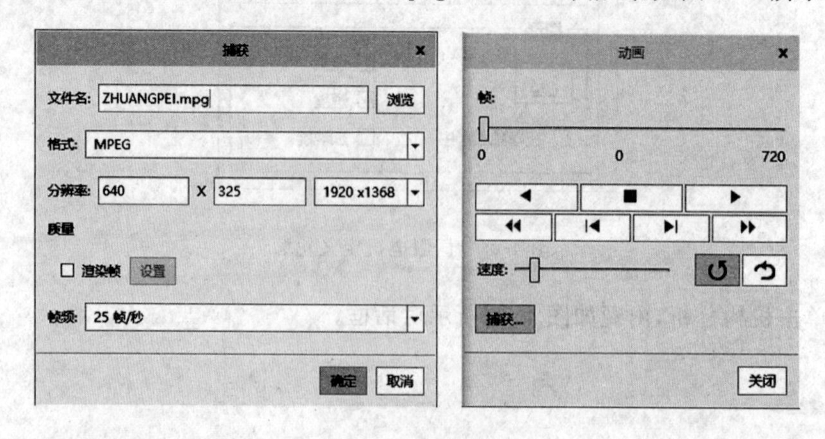

图 4-25 生成动画

(四)生成滑块速度与时间关系的运动分析图

(1)单击工具中的生成分析按钮,弹出如图 4-26 所示对话框。

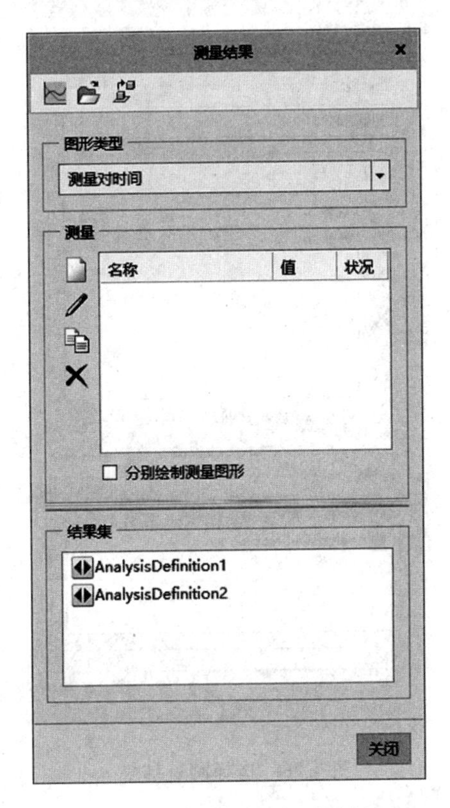

图 4-26　“测量结果”对话框

在弹出的对话框单击新建按钮，弹出“测量定义”对话框,如图 4-27 所示。

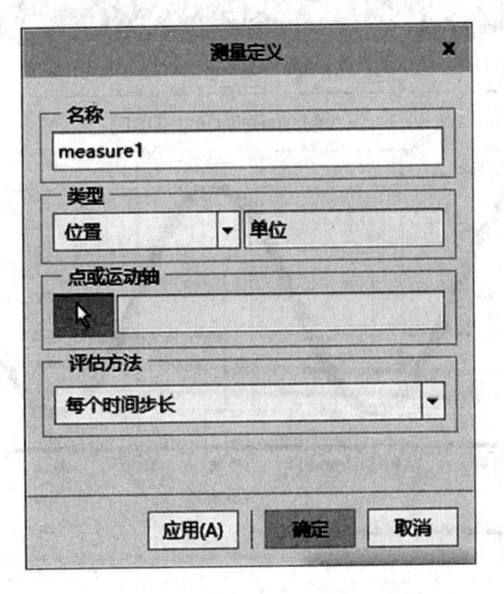

图 4-27　“测量定义”对话框

位置改为速度，选择滑块移动的运动学移动轴，单击“确定”。在弹出的对话框中选择分别绘制测量图形，如图 4-28 所示。

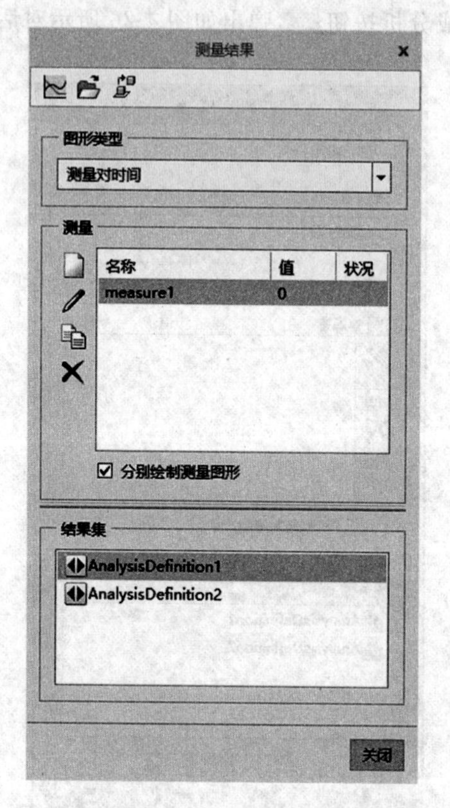

图 4-28　选择测量结果

(2)从结果集选择一结果，单击绘制图形，即得到滑块的速度图，如图 4-29 所示。

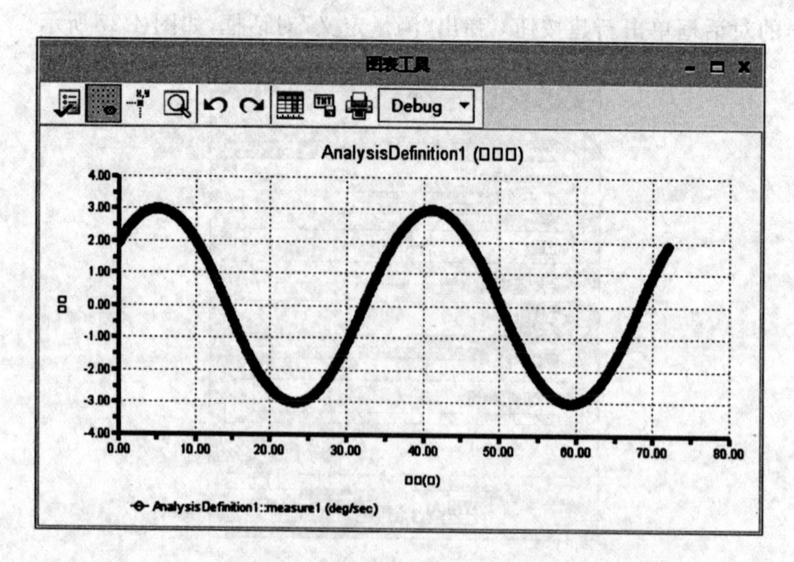

图 4-29　滑块运动的速度—时间图

五、思考题

(1)曲柄滑块机构的工作原理是什么?

(2)Creo 中零件的建模是什么?

(3)Creo 中零件的约束与装配是什么?

(4)机构自由度的含义是什么?

实验五　尺寸、公差认知

一、实验目的

通过参观公差展示柜及实验室，学习尺寸公差的含义及用法，掌握公差相关术语的代号。

二、实验设备

公差展示柜。

三、尺寸、公差

（一）互换性

互换性是指从同一规格的一批零件或部件中，任取其一，不需任何挑选或附加修配（如钳工修理）就能装配到机器或部件中，并达到规定的功能要求。

机械和仪器制造业中的互换性通常包括几何参数（如尺寸）和机械性能（如硬度、强度）的互换，在此仅讨论几何参数的互换。

几何参数一般包括尺寸大小、几何形状（宏观、微观），以及相互的位置关系。

（二）尺寸、公差

尺寸：用特定单位表示长度值的数字。

公差：允许零件尺寸和几何参数的变动量。

（1）基本尺寸：____________的尺寸。如图 5-1(a)中的________mm。

（2）实际尺寸：零件制成后通过测量所得的尺寸。由于存在测量误差，所以实际尺寸并非尺寸的真值。

（3）极限尺寸：允许零件实际尺寸变化的两个界限值，其中较大的一个尺寸称为____________，较小的一个尺寸称为____________。

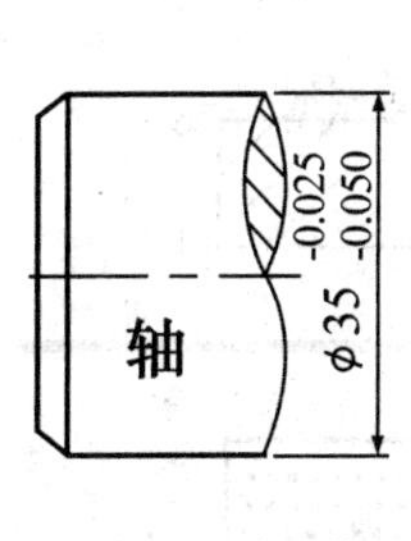

(a) 基本尺寸及偏差

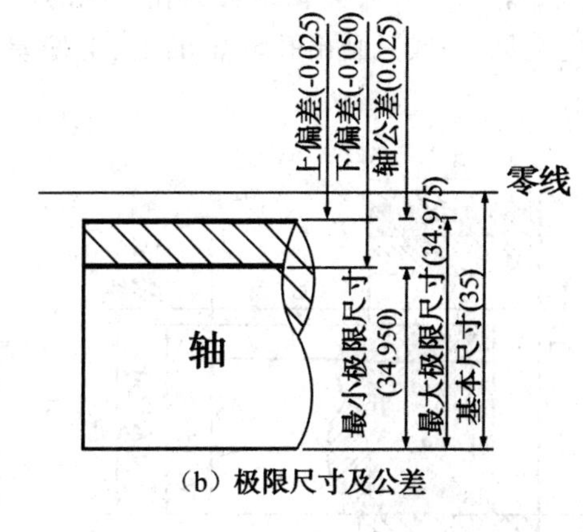

(b) 极限尺寸及公差

图 5-1　基本尺寸与极限尺寸

在图 5-1(b)中,轴 Ø35 mm 的最大极限尺寸为______mm,最小极限尺寸为______mm,实际尺寸只要在这两个极限尺寸之间均为合格。

(4)尺寸偏差(简称偏差):某一尺寸减去______所得的代数差。尺寸偏差分为上偏差、下偏差(统称极限偏差)和实际偏差。

上偏差＝__________－基本尺寸

下偏差＝__________－基本尺寸

在图 5-1 中,轴的相关参数如下:

上偏差＝(34.975－35)mm＝______________mm

下偏差＝(34.950－35)mm＝______________mm

国家标准规定:用代号 ES 和 es 分别表示孔和轴的上偏差;用代号______和______分别表示孔和轴的下偏差。偏差可以为正数、负数或零值。

实际尺寸减去基本尺寸的代数差称为实际偏差。零件尺寸的实际偏差在上、下偏差之间均为合格。

(5)尺寸公差(简称公差):______________________。

公差＝______________________

或

公差＝上偏差－下偏差

在图 5-1 中,轴的相关参数如下:

公差＝(34.975－34.950) mm＝______________________mm

或

公差＝[－0.025－(－0.050)]mm＝______________________mm

由于最大极限尺寸总是大于最小极限尺寸,所以公差总是________值,且不能为零。

在零件图上,凡有公差要求的尺寸,通常不是标注两个极限尺寸,而是标注基本尺寸和上、下偏差[见图 5-1(a)]。

(6)尺寸公差带(简称公差带)。公差带是表示公差大小和相对于零线位置的一个区域。

图 5-2(a)表示了一对互相结合的孔与轴的基本尺寸、极限尺寸、偏差、公差的相互关系。为简化起见,一般只画出孔和轴的上、下偏差围成的方框简图,称为公差带图,如图 5-2(b)所示。

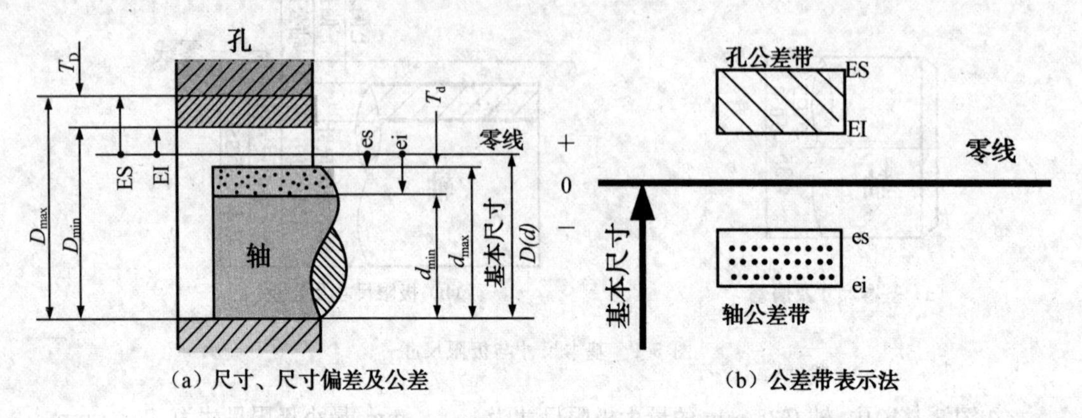

(a) 尺寸、尺寸偏差及公差　　(b) 公差带表示法

图 5-2　尺寸、尺寸偏差及公差带

在公差带图中,零线是表示__________的一条直线。当零线画成水平线时,正偏差位于零线的__________,负偏差位于零线的__________,偏差值的单位为微米。

(7)标准公差和基本偏差。国家标准《公差与配合》(GB 1800～1804—1979)规定了公差带由标准公差和基本偏差两个要素组成。标准公差确定公差带的______,而基本偏差确定公差带的______,如图 5-3 所示。

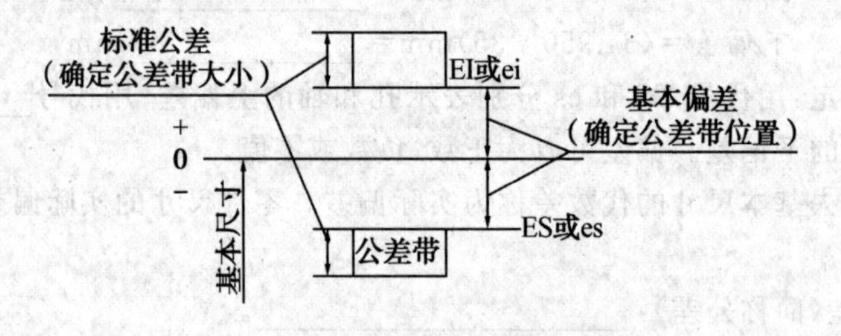

图 5-3　公差带大小及位置

1)标准公差(IT)。标准公差的数值由基本尺寸和公差等级来决定。其中,公差等级是确定尺寸精确程度的等级。标准公差分为______级,即 IT01、IT0、IT1、IT2、IT3、IT4 …… IT18,尺寸精确程度从 IT01 到 IT18 依次____________。标准公差的具体数值可查表得到。

2)基本偏差。基本偏差一般是指上、下两个偏差中靠近零线的那个偏差。即当公差带位于零线上方时,基本偏差为____偏差;当公差带位于零线下方时,基本偏差为____偏差。

国家标准对孔和轴均规定了 28 个不同的基本偏差。基本偏差代号用拉丁字母表示,大写字母表示孔,小写字母表示轴。图 5-4 是孔和轴的 28 个基本偏差系列图。

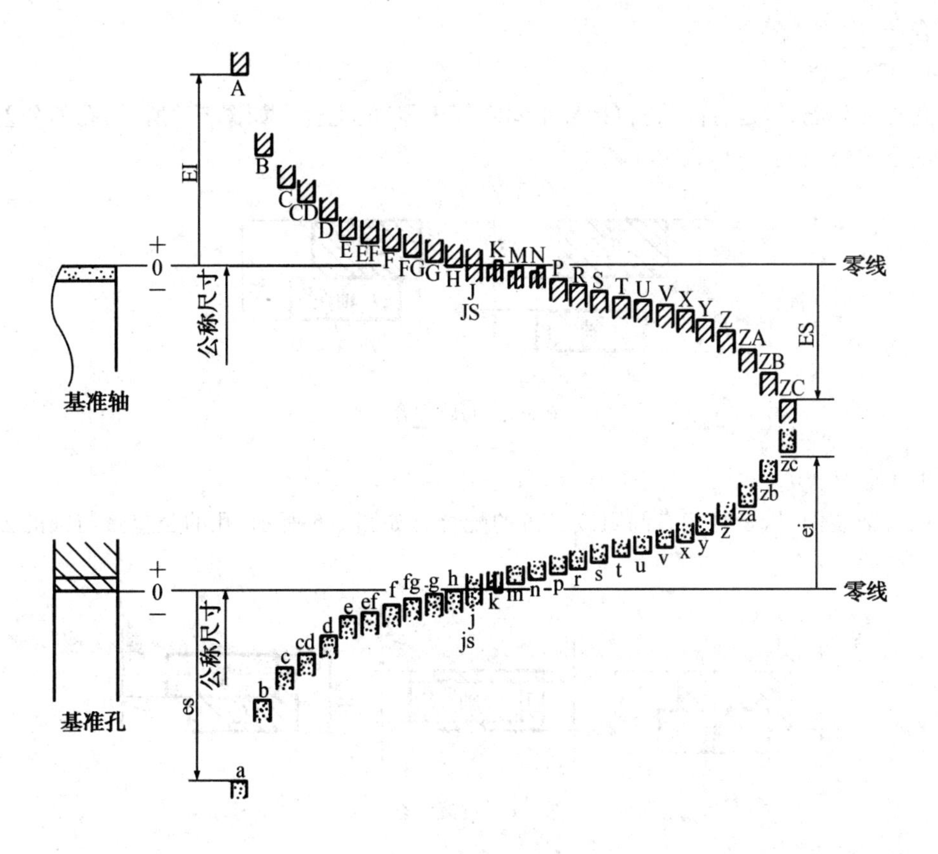

图 5-4　基本偏差系列图

从基本偏差系列图可知，轴的基本偏差从______到______为上偏差(es)，且是____值，其绝对值依次减小；从____到____为下偏差(ei)，且是______值，其绝对值依次增大。

孔的基本偏差从____到____为下偏差(EI)，且是正值，其绝对值依次减小；从______到______为上偏差(ES)，且是____值，其绝对值依次增大。其中，H 和 h 的基本偏差为零。

JS 和 js 对称于零线，没有基本偏差，其上、下偏差分别为＋IT/2 和－IT/2。

基本偏差系列图只表示了公差带的各种位置，所以只画出属于基本偏差的一端，另一端则是开口的，即公差带的另一端取决于标准__________的大小。

(三)公差带代号

孔、轴的公差带代号由基本偏差代号和公差等级代号组成。

例：试说明 Ø50H8、Ø50f7 的含意。

(四)配合

基本尺寸相同的、相互结合的孔和轴公差带之间的关系，称为配合。根据使用的要求不同，孔和轴之间的配合有松有紧，因而国标规定配合分为三类，即________配合、过盈配合、________配合。

1.间隙配合

孔与轴装配时，是有间隙(包括最小间隙等于零)的配合。如图 5-5 所示，孔的公差带在轴的公差带之上。

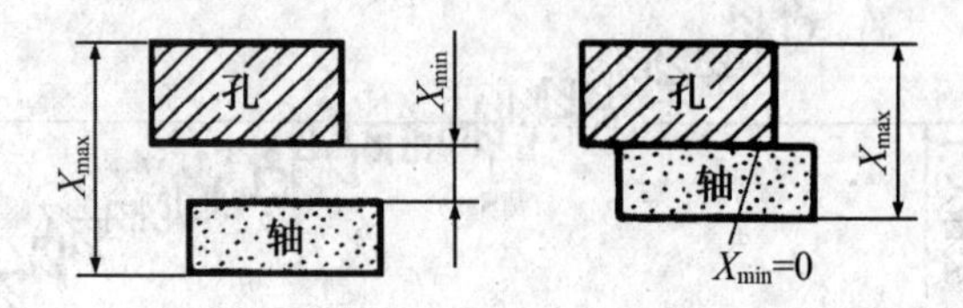

图 5-5　间隙配合

2.过渡配合

孔与轴装配时，是可能有间隙或过盈的配合。如图 5-6 所示，孔的公差带与轴的公差带互相交叠。

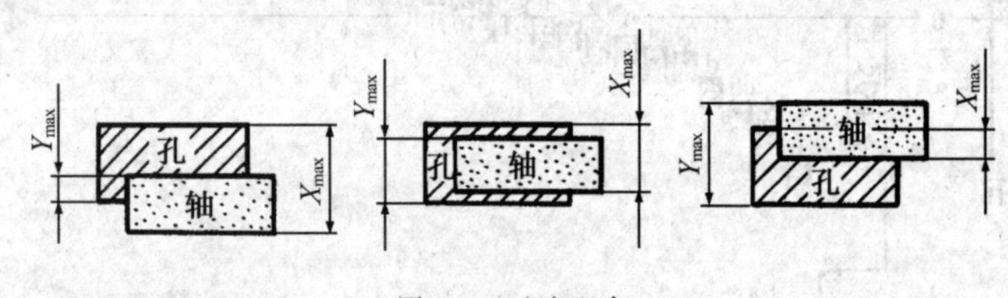

图 5-6　过渡配合

3.过盈配合

孔与轴装配时，是有过盈(包括最小过盈等于零)的配合。如图 5-7 所示，孔的公差带在轴的公差带之下。

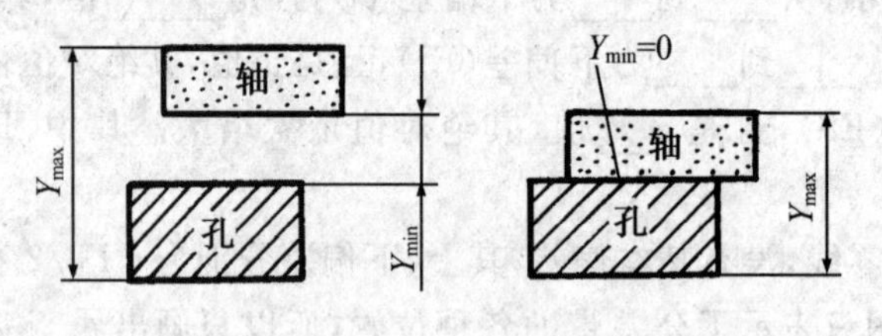

图 5-7　过盈配合

(五)基准制

国标对配合规定了______和______两种基准制。

1.基孔制

基本偏差为一定的孔的公差带，是与不同基本偏差的轴的公差带形成各种配合的一种制度[见图 5-8(a)]。基准孔的________为零，并用代号 H 表示。

2.基轴制

基本偏差为一定的轴的公差带，是与不同基本偏差的孔的公差带形成各种配合的一种制度[见图 5-8(b)]。基准轴的__________为零,并用代号 h 表示。

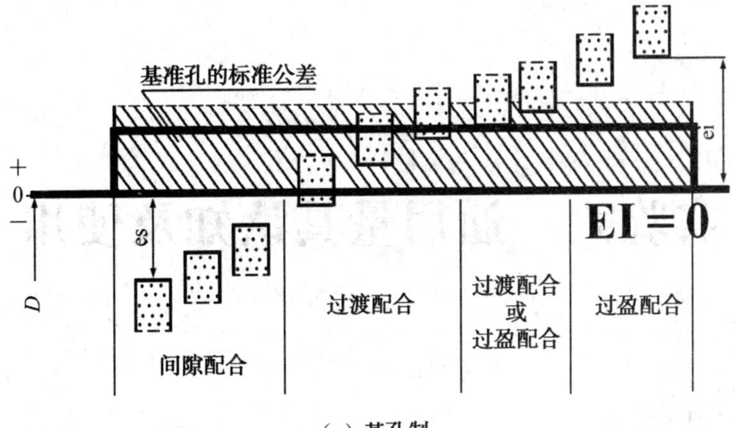

(a) 基孔制

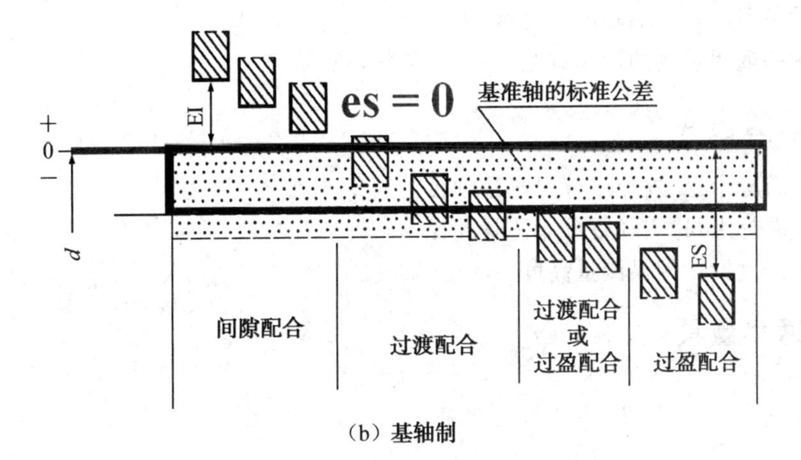

(b) 基轴制

图 5-8　基孔制和基轴制

(六)配合代号

配合代号由孔和轴的公差带代号组成,写成分数形式,分子为孔的公差带代号,分母为轴的公差带代号。凡是分子中含 H 的为基孔制配合,凡是分母中含 h 的为基轴制配合。

例:试说明 $\varnothing 25\ \frac{H7}{g6}$ 的含意。

实验六　通用量具认知及使用

一、实验目的

(1)学习通用量具的功能及分类。

(2)掌握通用量具的使用方法。

二、实验内容

(1)用游标卡尺、外径千分尺测量轴径。

(2)用游标卡尺、内径百分表测量孔径。

(3)用深度游标卡尺测量高度。

三、通用量具

(一)钢直尺、内卡钳、外卡钳及塞尺

1.钢直尺

钢直尺是简单的长度量具,有 150 mm、300 mm、500 mm 和 1000 mm 四种规格。图 6-1 是常用的 150 mm 钢直尺。

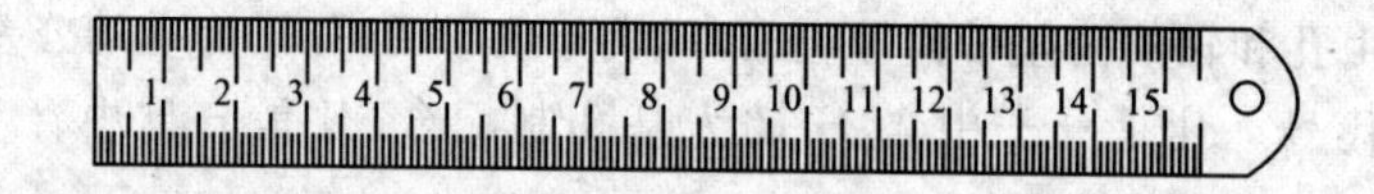

图 6-1　钢直尺

钢直尺用于测量零件的长度尺寸,但测量结果不太准确。这是因为钢直尺的刻线间距为 1 mm,而刻线本身的宽度就有 0.1～0.2 mm,所以测量时读数误差比较大,只能读出毫米数。比 1 mm 小的数值,只能由估计而得。

2.内卡钳、外卡钳及塞尺

内卡钳、外卡钳和塞尺如图 6-2 所示。

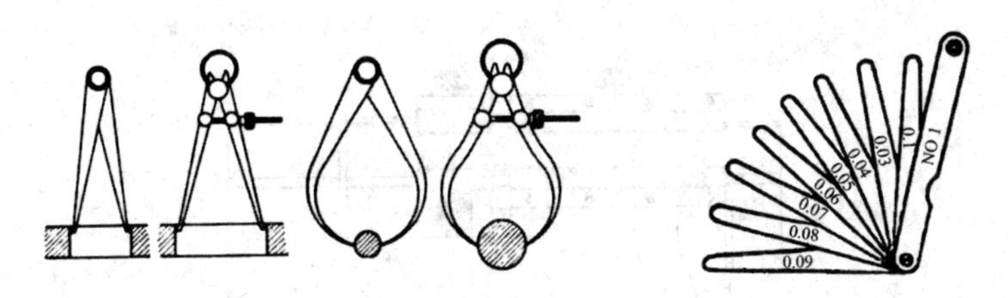

图 6-2　内卡钳、外卡钳和塞尺

(二)游标读数量具

应用游标读数原理制成的量具有游标卡尺、高度游标卡尺、深度游标卡尺、游标量角尺(如万能量角尺)和齿厚游标卡尺等,用以测量零件的外径、内径、长度、宽度、厚度、高度、深度、角度以及齿轮的齿厚等,应用范围非常广泛。

游标卡尺是一种常用的量具,具有结构简单、使用方便、精度中等和测量尺寸范围大等特点。

1.游标卡尺结构

(1)测量范围为 0～125 mm 的游标卡尺,可制成带有刀口形的上、下量爪和带有深度尺的形式,如图 6-3 所示。

(2)测量范围为 0～200 mm 和 0～300 mm 的游标卡尺,可制成带有内、外测量面的下量爪和带有刀口形的上量爪的形式,如图 6-4 所示。也可制成只带有内、外测量面的下量爪的形式,如图 6-5 所示。

(3)测量范围大于 300 mm 的游标卡尺,只能制成仅带有下量爪的形式。

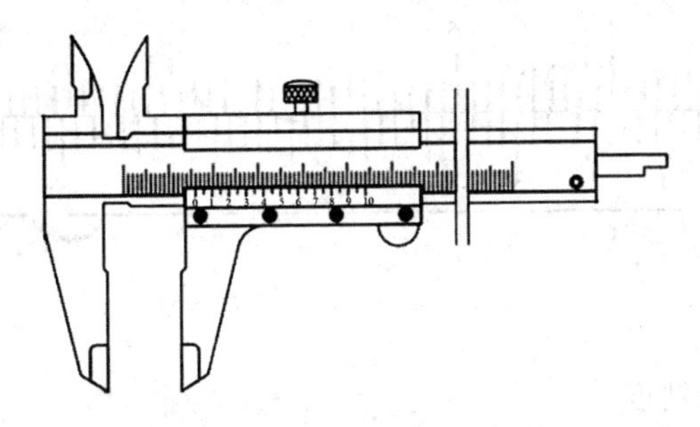

图 6-3　游标卡尺的结构之一

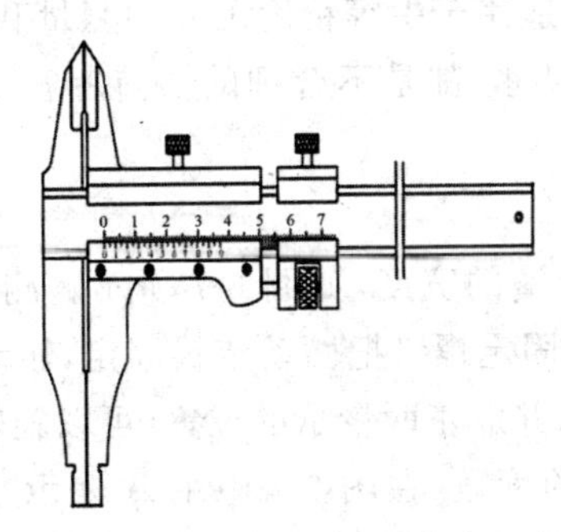

图 6-4　游标卡尺的结构之二

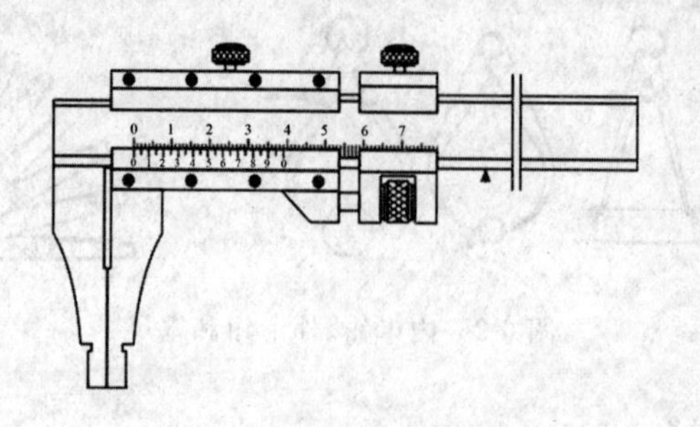

图 6-5　游标卡尺的结构之三

2.游标卡尺的读数原理和读数方法

游标卡尺的读数机构由主尺和游标两部分组成。当活动量爪与固定量爪贴合时，游标上的零刻线(简称游标零线)对准主尺上的零刻线，此时量爪间的距离为“0”。当尺框向右移动到某一位置时，固定量爪与活动量爪之间的距离就是零件的测量尺寸。此时零件尺寸的整数部分可在游标零线左边的主尺刻线上读出来，而比 1 mm 小的小数部分，可借助游标读数机构来读出。读数举例如图 6-6 所示。

所求尺寸=整数部分+小数部分

（游标刻线序号 × 游标分度值）

=31 mm+（20×0.02 mm+21×0.02 mm）/2

=31 mm+（0.40 mm+0.42 mm）/2=31.41 mm

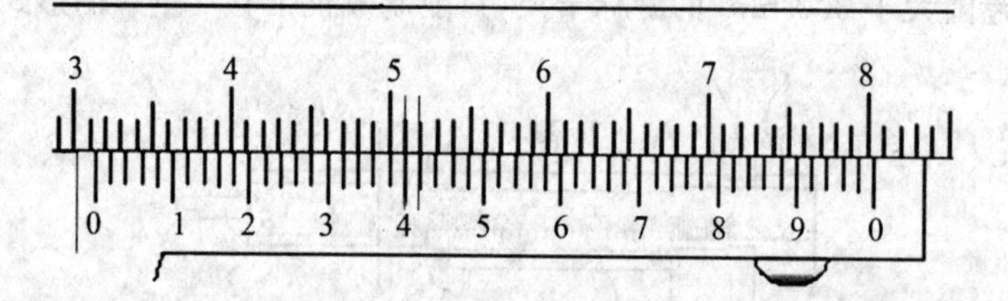

图 6-6　游标卡尺的读数方法

3.游标卡尺的测量精度

测量或检验零件尺寸时，要按照零件尺寸的精度要求，选用相适应的量具。游标卡尺是一种中等精度的量具，只适用于中等精度尺寸的测量和检验。用游标卡尺去测量锻铸件毛坯或精度要求很高的尺寸，都是不合理的。前者容易损坏量具，后者的测量精度要求过高。

4.游标卡尺应用举例

(1)用游标卡尺测量 T 形槽的宽度，如图 6-7 所示。测量时将量爪外缘端面的小平面贴在零件凹槽的平面上，用固定螺钉把微动装置固定，转动调节螺母，使量爪的外测量面轻轻地与 T 形槽表面接触，并放正两量爪的位置(可以轻轻地摆动一个量爪，找到槽宽的垂直位置)，读出游标卡尺的读数(在图 6-7 中用 A 表示)。但由于它是用量爪的外测量面测量内尺寸的，卡尺上所读出的读数 A 是量爪内测量面之间的距离，因此必须加上

两个量爪的厚度 b，才是 T 形槽的宽度。所以，T 形槽的宽度为 $L=A+b$。

(2)用游标卡尺测量孔中心线与侧平面之间的距离 L 时，先要用游标卡尺测量出孔的直径 D，再用刀口形量爪测量孔的壁面与零件侧面之间的短距离，如图 6-8 所示。此时，卡尺应垂直于侧平面，且要找到它的小尺寸，读出卡尺的读数 A，则孔中心线与侧平面之间的距离为 $L=A+\frac{D}{2}$。

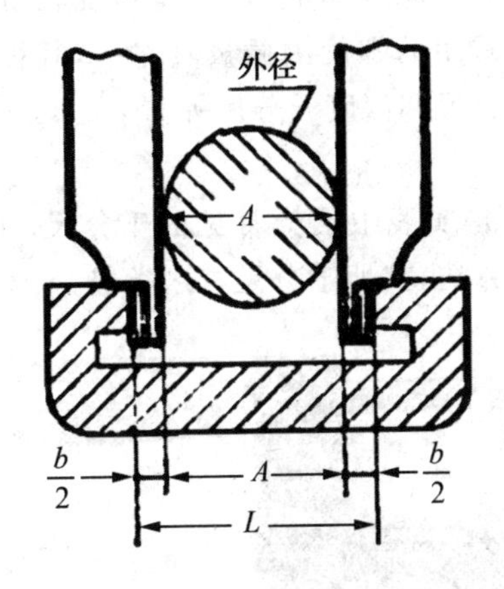

图 6-7　游标卡尺测量 T 形槽的宽度

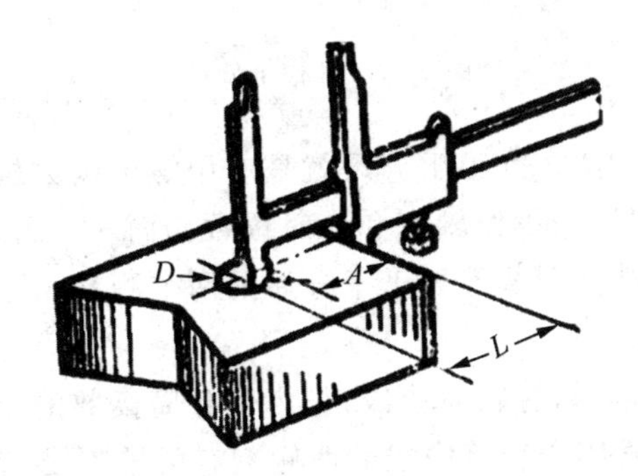

图 6-8　用游标卡尺测量孔中心线与侧平面之间的距离

(3)用游标卡尺测量两孔的中心距有两种方法。一种是先用游标卡尺分别量出两孔的内径 D_1 和 D_2，再量出两孔内表面之间的大距离 A，如图 6-9 所示，则两孔的中心距为 $L=A-\frac{1}{2}(D_1+D_2)$。

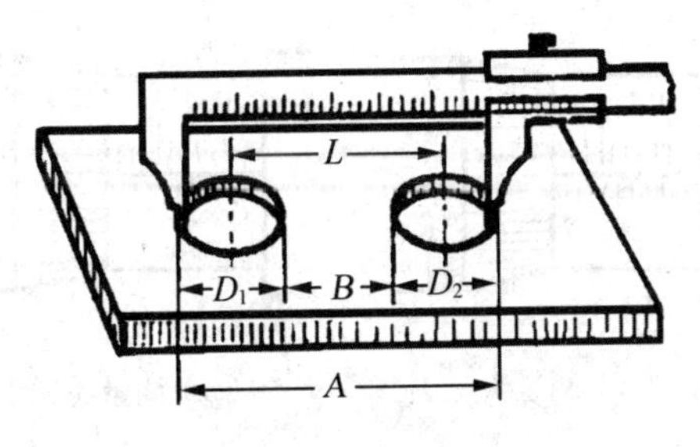

图 6-9　测量两孔的中心距

另一种也是先分别量出两孔的内径 D_1 和 D_2，然后用刀口形量爪量出两孔内表面之间的小距离 B，则两孔的中心距为 $L=B+\frac{1}{2}(D_1+D_2)$。

（三）螺旋测微量具

螺旋测微量具应用螺旋测微原理制成，其测量精度较游标卡尺高，多用于加工精度要求较高的场合。千分尺为常用的螺旋测微量具之一，其种类包括外径千分尺、内径千分尺、公法线千分尺、螺纹千分尺和深度千分尺等。

1. 外径千分尺

外径千分尺（见图 6-10）是实践中最为常见的千分尺，主要用于测量外径、长度等。下面详细介绍其原理和使用方法，其他千分尺与之类似。

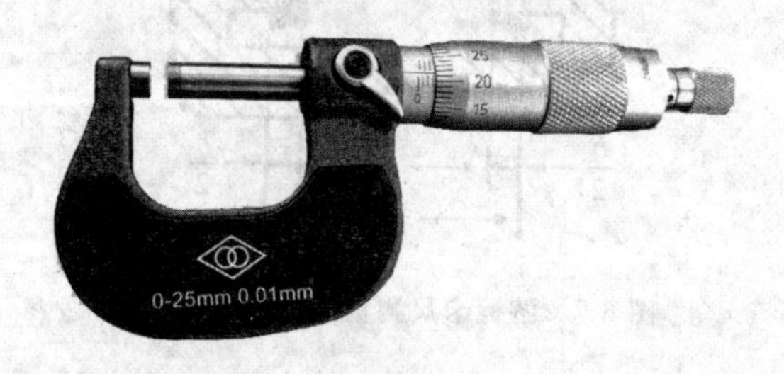

图 6-10　外径千分尺

(1)工作原理和读数方法。外径千分尺就是应用螺旋读数机构进行读数，它包括一对精密的螺纹——测微螺杆与螺纹轴套和一对读数套筒——固定套筒与微分筒。用千分尺测量零件的尺寸时，把被测零件置于千分尺的两个测量面之间，两测量面之间的距离就是零件的测量尺寸。

在千分尺的固定套筒上刻有轴向中线，作为微分筒读数的基准线。另外，为了计算测微螺杆旋转的整数转，在固定套筒中线的两侧刻有两排刻线，刻线间距均为 1 mm，上下两排相互错开 0.5 mm。

如图 6-11(a)所示，在固定套筒上读出的尺寸为 8 mm，微分筒上读出的尺寸为 27(格)×0.01 mm=0.27 mm，两数相加即为被测零件的尺寸，8.27 mm；如图 6-11(b)所示，在固定套筒上读出的尺寸为 8.5 mm，在微分筒上读出的尺寸为 27(格)×0.01 mm=0.27 mm，两数相加即为被测零件的尺寸，8.77 mm。

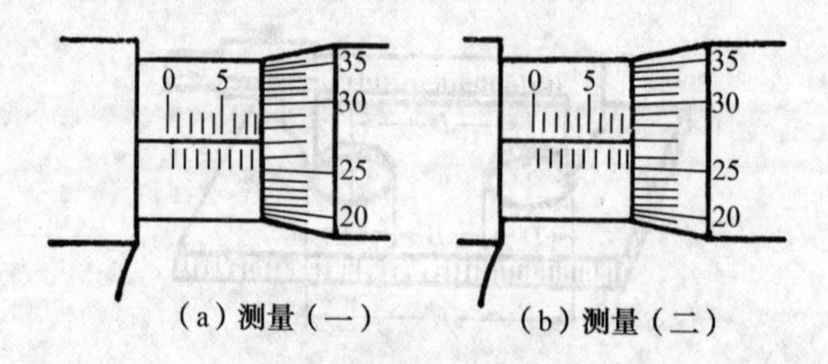

图 6-11　外径千分尺的读数

(2)精度及其调整。按制造精度，千分尺可分 0 级和 1 级两种，0 级精度较高，1 级次之。

(3)使用注意事项。测量时，可按图 6-12 所示的方法进行。值得注意的是几种使用外径千分尺的错误方法，比如用千分尺测量旋转运动中的工件时，很容易使千分尺磨损，而且测量也不准确；又如读数时，握着微分筒来回转动等，这同碰撞一样，也会破坏千分尺的内部结构，如图 6-13 所示。

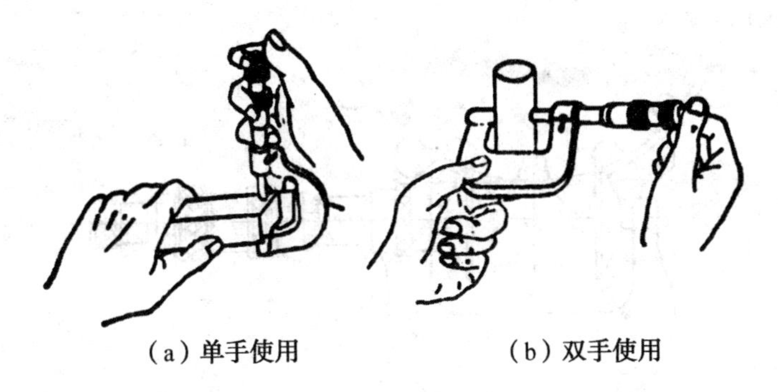

(a) 单手使用　　(b) 双手使用

图 6-12　正确的使用方法

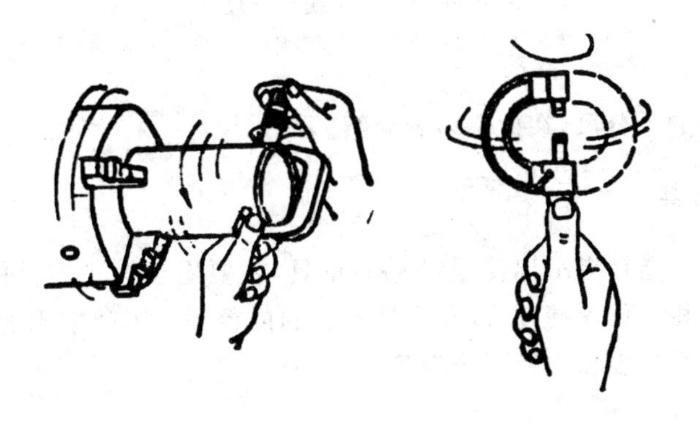

图 6-13　错误的使用方法

2.内径千分尺

内径千分尺如图 6-14 所示，其读数方法与外径千分尺相同。内径千分尺主要用于测量大孔径，且为适应不同孔径尺寸的测量，可以接上接长杆。接长杆可以一个接一个地连接起来，所以测量范围可达到 5000 mm。

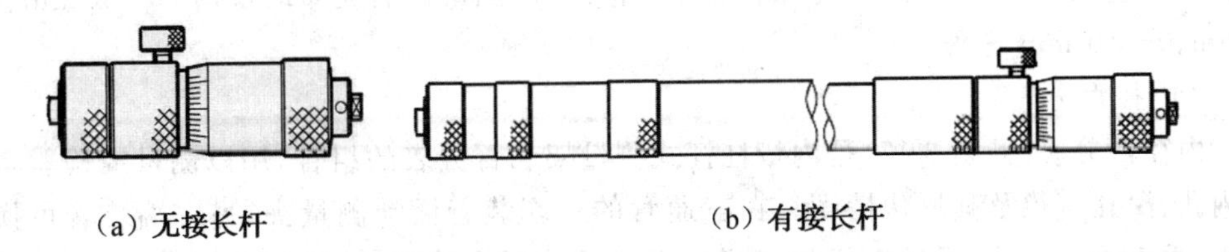

(a) 无接长杆　　(b) 有接长杆

图 6-14　内径千分尺

内径千分尺除可用来测量内径外，也可用来测量槽宽和机体两个内端面之间的距离等内尺寸，但不能测量 50 mm 以下的尺寸，此时需用内测千分尺。

3.公法线千分尺

公法线千分尺如图 6-15 所示，主要用于测量外啮合圆柱齿轮的两个不同齿面公法线长度，也可以在检验切齿机床精度时，按被切齿轮的公法线检查其原始外形尺寸。它的结构与外径千分尺相同，所不同的是在测量面上装有两个带精确平面的量钳（测量面）来代替原来的测量面。

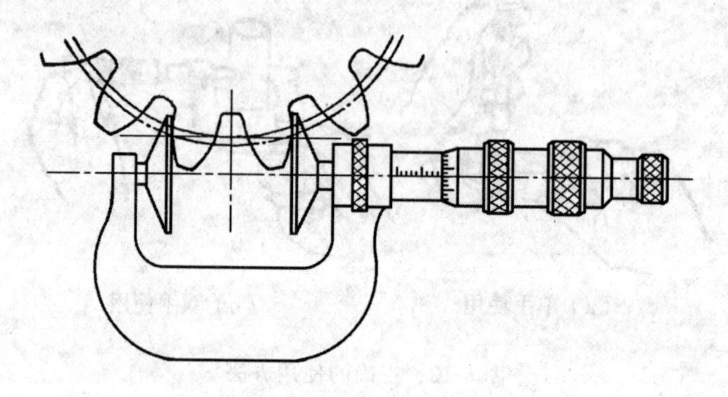

图 6-15　公法线千分尺

4.其他千分尺

还有一些其他的千分尺，在此不多做介绍。

（四）指示式量具

指示式量具是以指针指示出测量结果的量具，主要用于校正零件的安装位置，检验零件的形状精度和相互位置精度，以及测量零件的内径等。车间常用的指示式量具有百分表、千分表、杠杆百分表和内径百分表等。

1.百分表

百分表（见图 6-16）和千分表都是用来校正零件或夹具的安装位置、检验零件的形状精度或相互位置精度的。它们的结构原理相同，不同的是千分表的读数精度比较高，即千分表的读数值为 0.001 mm，而百分表的读数值为 0.01 mm。车间里经常使用的是百分表，因此主要介绍百分表。

由于百分表和千分表的测量杆是做直线移动的，可用来测量长度尺寸，所以它们也是长度测量工具。目前，国产百分表的测量范围（即测量杆的大移动量）有 0～3 mm、0～5 mm、0～10 mm 三种。

2.内径百分表

内径百分表（见图 6-17）是内量杠杆式测量架和百分表的组合，用以测量或检验零件的内孔、深孔直径及其形状精度。在三通管的一端装着活动测量头，另一端装着可换测量头，垂直管口一端，通过连杆装有百分表。活动测头的移动，使传动杠杆回转，通过活动杆，推动百分表的测量杆，使百分表指针产生回转。定心护桥使内径百分表的两个测量头正好在内孔直径的两端。

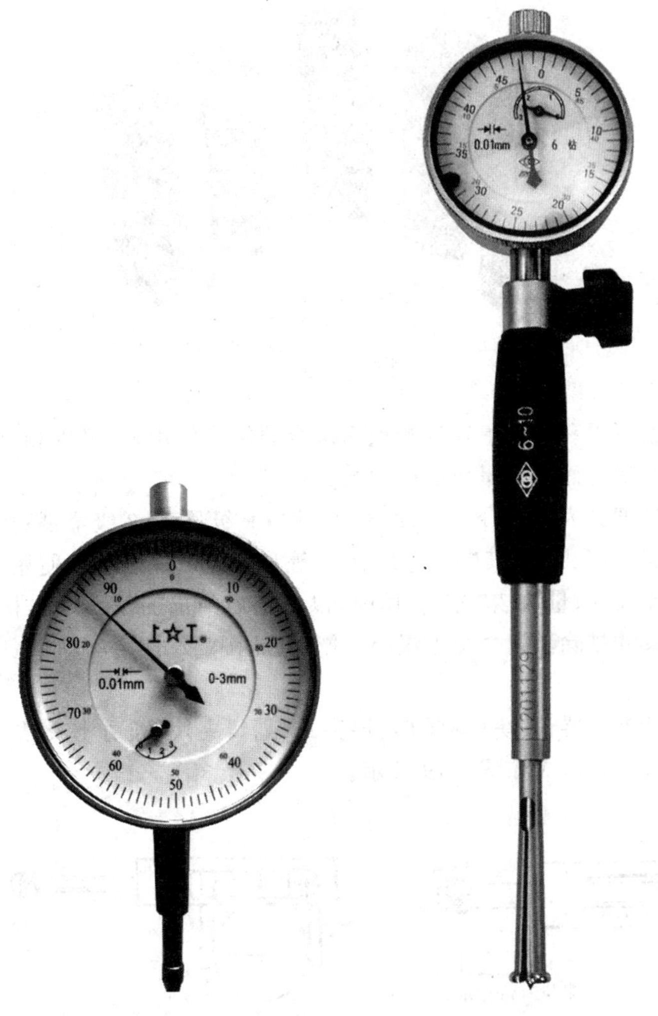

图 6-16　百分表　　　　图 6-17　内径百分表

内径百分表的指针摆动读数，刻度盘上每一格为 0.01 mm，盘上刻有 100 格，即指针每转一圈为 1 mm。

(五)量块

1.量块的用途和精度

量块又称块规，是机械制造业中控制尺寸的基本量具，是从标准长度到零件之间尺寸传递的媒介，是技术测量上长度计量的基准。长度量块是用耐磨性好、硬度高且不易变形的轴承钢制成的矩形截面的长方块，如图 6-18 所示。它有上、下两个测量面和四个非测量面。两个测量面是经过精密研磨和抛光加工的平行平面。

图 6-18　量块

量块的测量面可以和另一量块的测量面研合而组合使用，也可以和具有类似表面质量的辅助体表面相研合而用于量块长度的测量。

量块的制造精度分为 5 级：k、0、1、2、3 级，其中 k 级最高，3 级最低；按照量块的检定精度分为 5 等：1、2、3、4、5 等，其中 1 等最高，5 等最低。量块按"级"使用时，以量块长度的标称值作为工作尺寸；量块按"等"使用时，以检定后给出的量块中心长度的实测值作为工作尺寸。该尺寸排除了量块加工误差的影响，比按"级"使用测量精度要高。

2.量块附件

量块附件包括夹持器、夹块（圆弧形、顶尖式、划线夹块、长方形夹块）、底座、夹紧滑块、三棱直尺和夹子，其形式如图 6-19 所示。

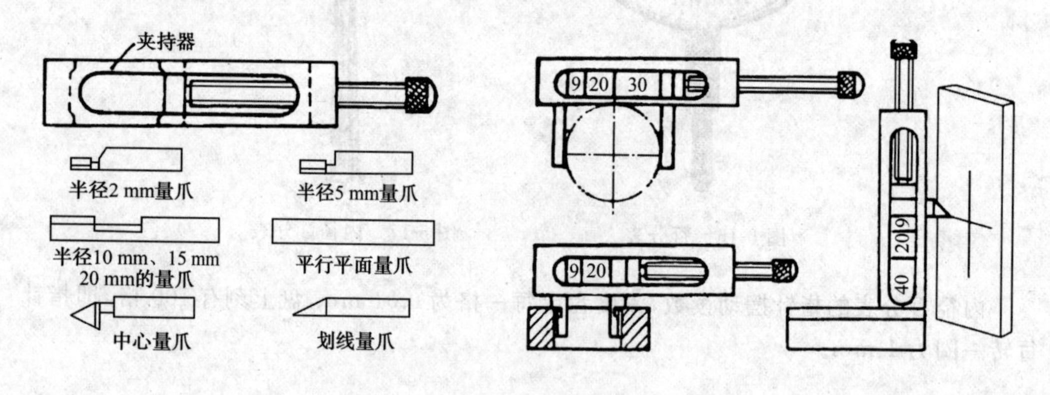

图 6-19　量块附件

（六）塞规与卡规

在成批大量生产中，常用具有固定尺寸的量具来检验工件，这种量具叫量规。工件图纸上的尺寸是保证有互换性的极限尺寸。测量工件尺寸的量规通常制成两个极限尺寸，即最大极限尺寸和最小极限尺寸。测量光滑的孔或轴用的量规叫光滑量规。光滑量规根据用于测量内、外尺寸的不同，分为塞规和卡规两种，如图 6-20 所示。

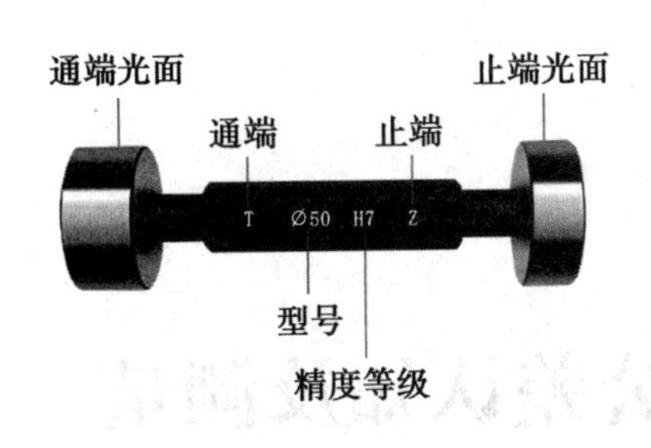

图 6-20　塞规和卡规

(七)角度量具

角度量具有游标量角器(见图 6-21)、万能量角尺(见图 6-22)和带表角度尺(见图 6-23)等。

图 6-21　游标量角器

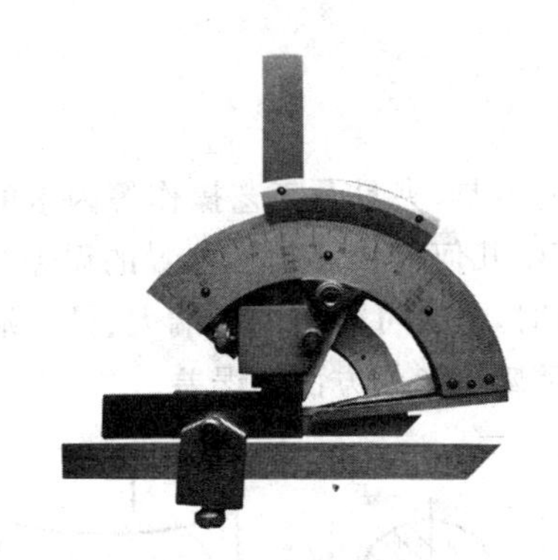

图 6-22　万能角度尺

图 6-23　带表角度尺

实验七　形位公差认知及测量

一、实验目的

(1)学习形位公差的概念及含义。

(2)掌握部分形位误差的测量方法。

二、实验内容

(1)用跳动检查仪测量圆跳动。

(2)用平台、V 型块、百分表测量直线度及圆度。

(3)用百分表测量平行度。

(4)用百分表测量平面度。

三、形状和位置公差

在加工过程中,由于工件、刀具、夹具及工艺操作等因素的影响,零件经加工后,不仅会存在尺寸的误差,而且会产生几何形状及相互位置的误差(即形位误差)。如图 7-1 所示的圆柱体,即使在尺寸合格时,也有可能出现一端大、另一端小,或中间细、两端粗等情况,其截面也有可能不圆,这都属于形状方面的误差。

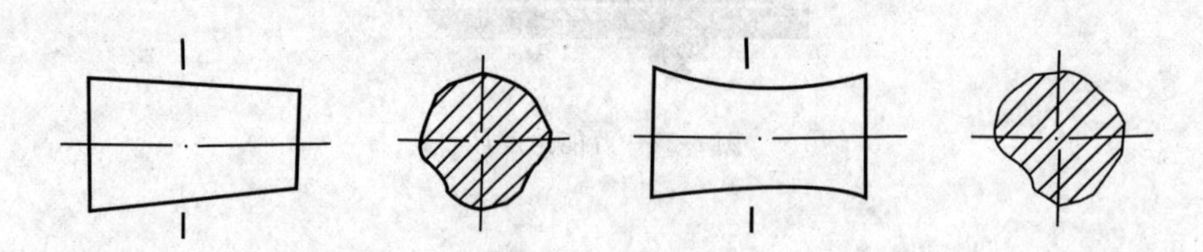

图 7-1　形位误差

再如图 7-2 所示的阶梯轴,加工后可能会出现各轴段不同轴线的情况,而这属于位置方面的误差。

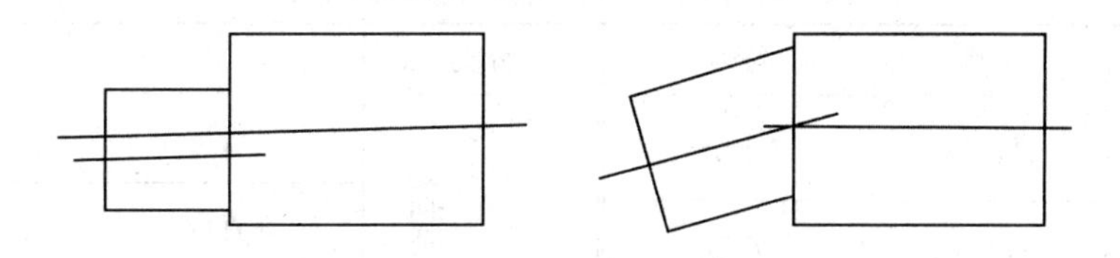

图 7-2　位置误差

形状公差是指实际形状对理想形状的允许变动量。位置公差是指实际位置对理想位置的允许变动量。两者简称________________。

（一）形位公差的研究对象

形位公差的研究对象是几何要素（简称要素）。几何要素是构成零件几何特征的点、线、面，如零件的球心、锥顶、素线、轴线、球面、圆锥面、圆柱面、端平面和中心平面等，如图 7-3 所示。

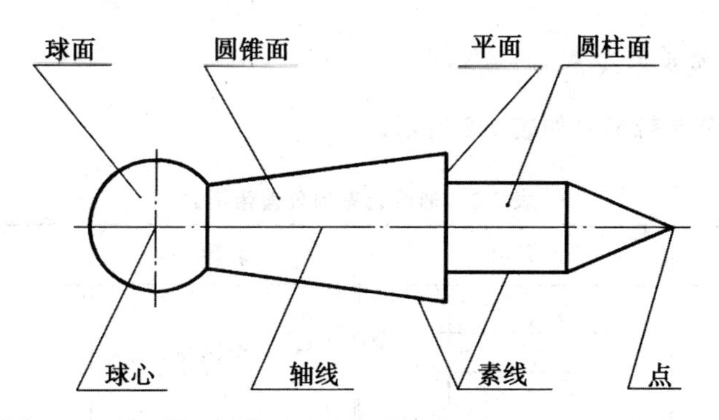

图 7-3　形位公差的研究对象

（1）按结构特征可分为轮廓要素和中心要素。

轮廓要素：构成零件外廓，直接为人们所感觉到的点、线、面各要素。

中心要素：轮廓要素对称中心所表示的点、线、面各要素。

（2）按功能要求可分为单一要素和关联要素。

单一要素：仅对被测要素本身给出形状公差要求的要素。

关联要素：相对于基准要素有功能要求而给出位置公差的要素。

（二）形位公差各项目的名称和符号

形位公差各项目的名称和符号如表 7-1 所示。

表 7-1　形位公差各项目的名称和符号

分类	项目	符号	分类		项目	符号
形状公差	直线度	—	位置公差	定向公差	平行度	//
	平面度	▱			垂直度	⊥
	圆度	○			倾斜度	∠
	圆柱度	⌭		定位公差	同轴度(同心度)	◎
	线轮廓度	⌒			对称度	⌯
	面轮廓度	⌓			位置度	⌖
				跳动公差	圆跳动	↗
					全跳动	⌰

(三)形位公差带的形式

形位公差的公差带形式如表 7-2 所示。

表 7-2　形位公差的公差带形式

名称	图示	名称	图示
两平行直线	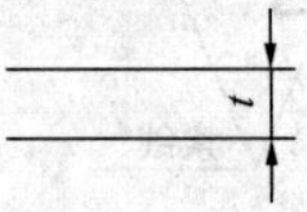	一个圆柱	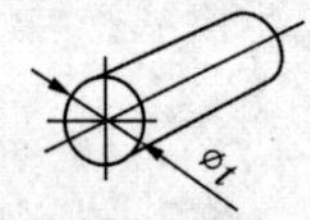
两等距曲线	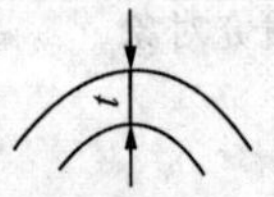	一个四棱柱	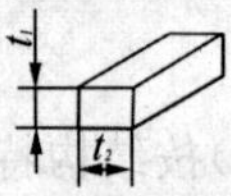
两同心圆	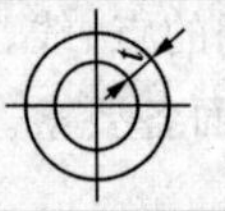	两同轴圆柱	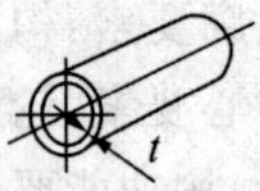
一个圆	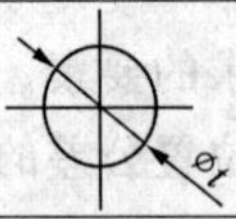	两平行平面	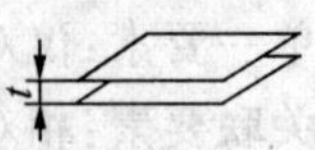
一个球	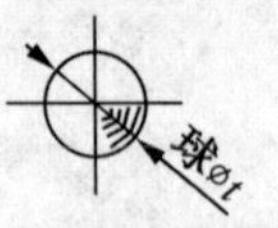	两等距曲面	

(四)形状和位置公差带分类

1.形状公差

形状公差:只对要素有形状要求,无方向、位置约束。

(1)直线度:用以限制被测实际直线对其理想直线变动量的一项指标。被限制的直线有平面内的直线、回转体的素线、平面与平面交线和轴线等。

在给定平面内的直线度公差带如图 7-4 所示。

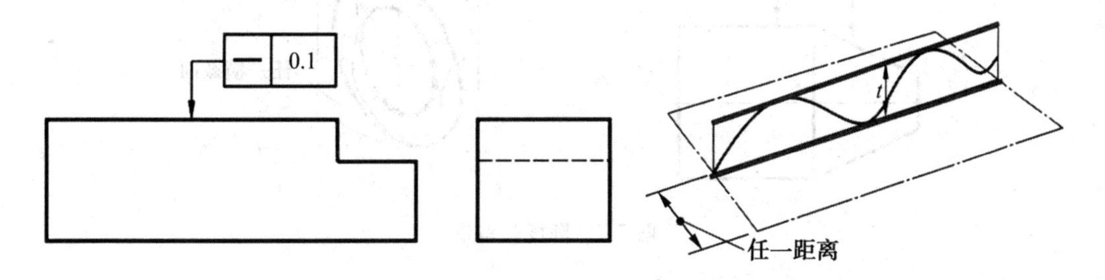

图 7-4　在给定平面内的直线度公差带

在任意方向上的直线度(空间)公差带如图 7-5 所示。

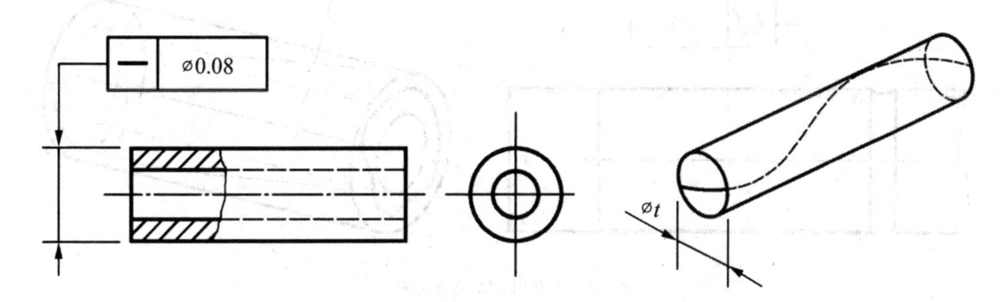

图 7-5　在任意方向上的直线度(空间)公差带

(2)平面度:用以限制实际表面对其理想平面变动量的一项指标,如图 7-6 所示。

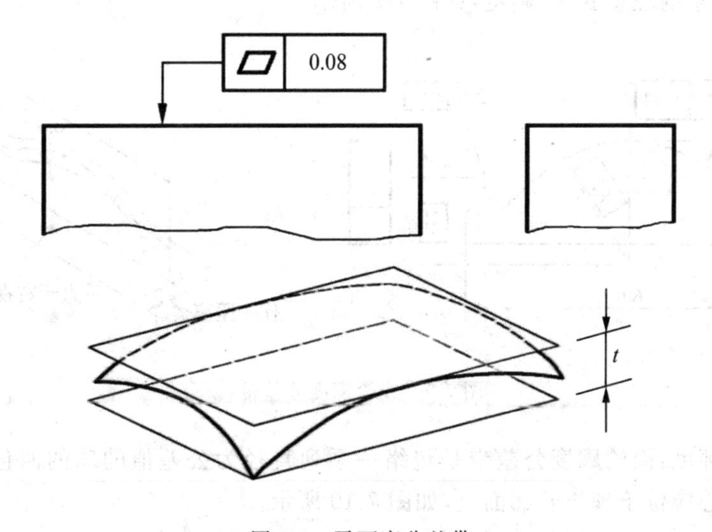

图 7-6　平面度公差带

(3)圆度:用以限制实际圆对其理想圆变动量的一项指标,如图 7-7 所示。

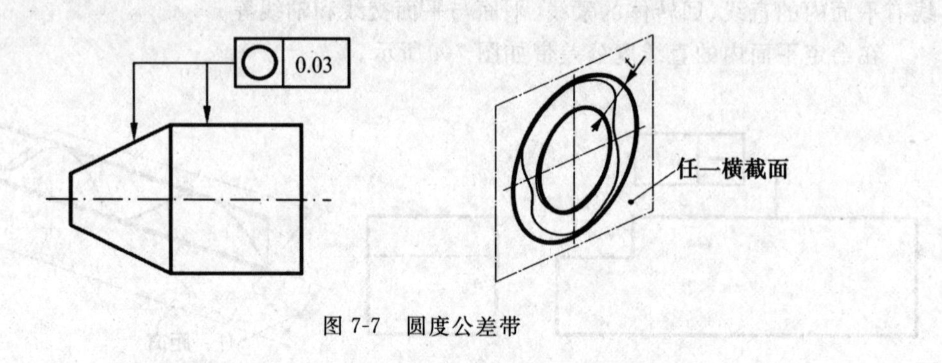

图 7-7　圆度公差带

(4)圆柱度:限制实际圆柱面对其理想圆柱面变动量的一项指标。它是对圆柱面所有正截面和纵向截面方向提出的综合性形状精度要求,如图 7-8 所示。

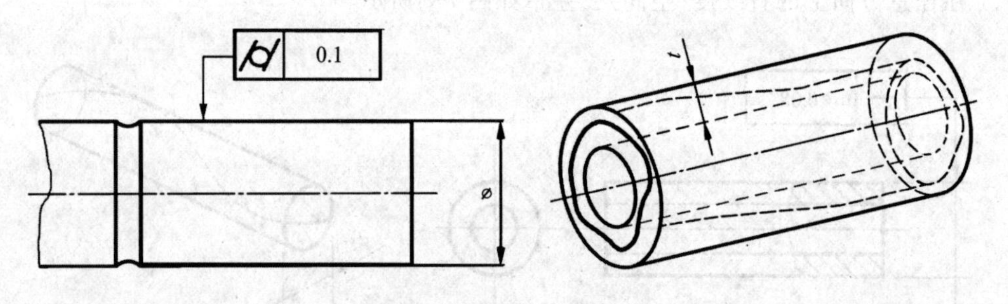

图 7-8　圆柱度公差带

(5)线轮廓度:线轮廓度公差带是包络一系列直径为 t 的圆的两包络线之间的区域,诸圆圆心应位于理想轮廓线上,而该轮廓的理想形状由图中标注的理论正确尺寸(即设计时对被测要素的理想要求)确定,如图 7-9 所示。

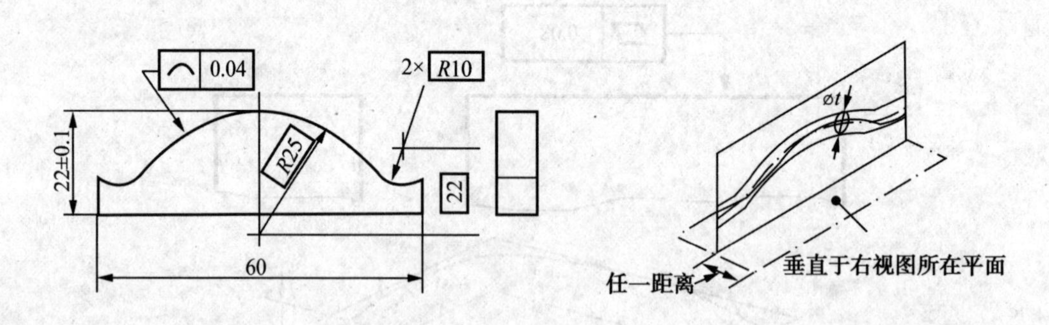

图 7-9　线轮廓度公差带

(6)面轮廓度:面轮廓度公差带是包络一系列直径为公差值的球的两包络面之间的区域,诸球球心应位于理想轮廓面上,如图 7-10 所示。

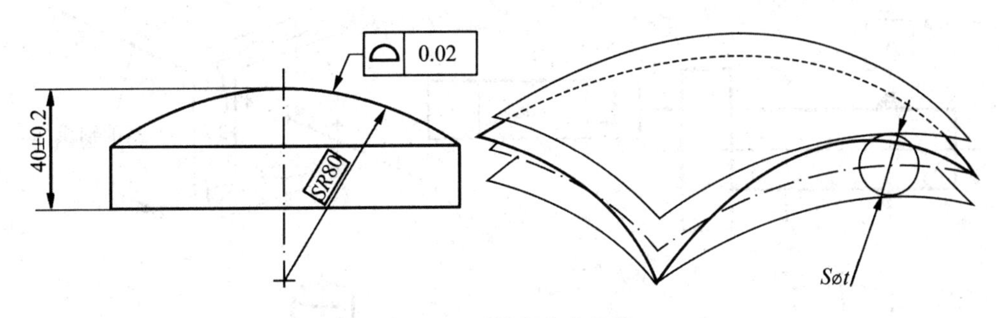

图 7-10　面轮廓度公差带

2.位置公差

位置公差分为定向公差、定位公差和跳动公差三类。

(1)定向公差:根据零件的工作条件,某些要素对基准在方向上(如平行、垂直等)常会有精度要求,此时需用定向公差对关联要素的方向误差加以控制。定向公差包括平行度、垂直度和倾斜度三种。

1)平行度:当两要素互相平行时,用平行度公差控制被测要素对基准的方向误差,如图 7-11 所示。

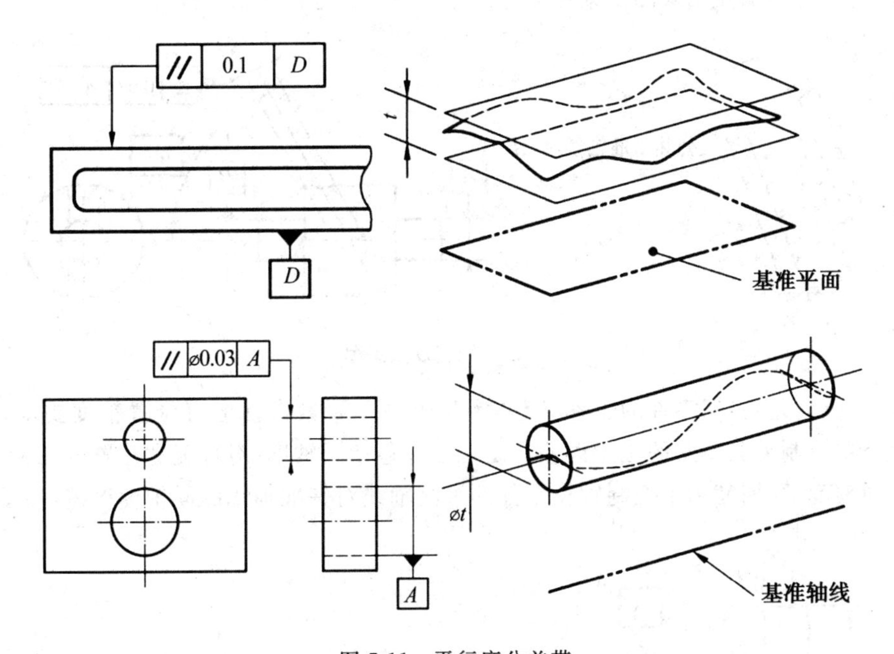

图 7-11　平行度公差带

2)垂直度:当两要素互相垂直时,用垂直度公差控制被测要素对基准的方向误差,如图 7-12 所示。

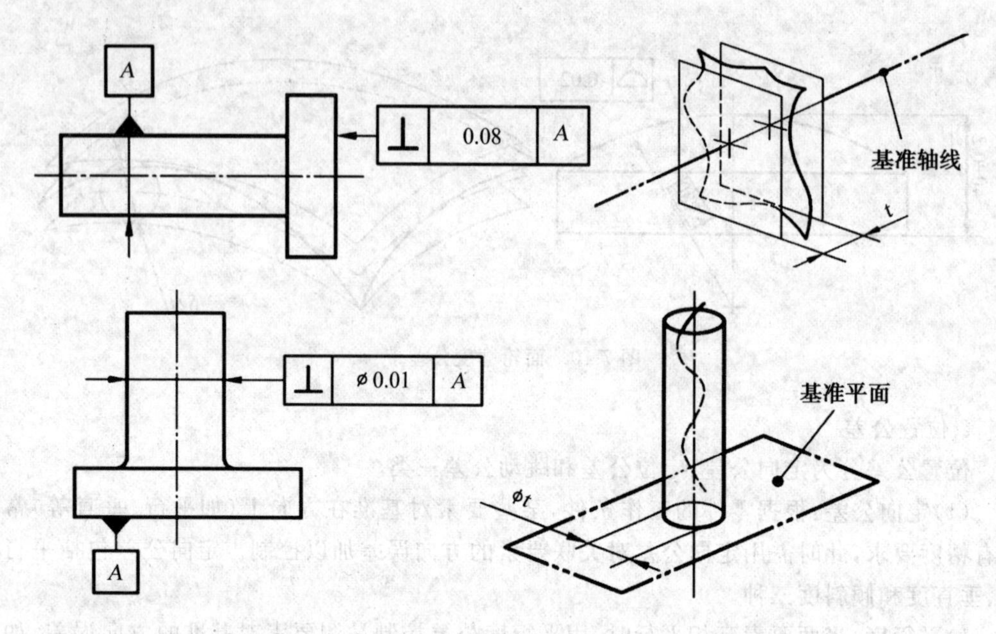

图 7-12　垂直度公差带

3)倾斜度:用来控制被测要素相对基准成 0°～90°,如图 7-13 所示。

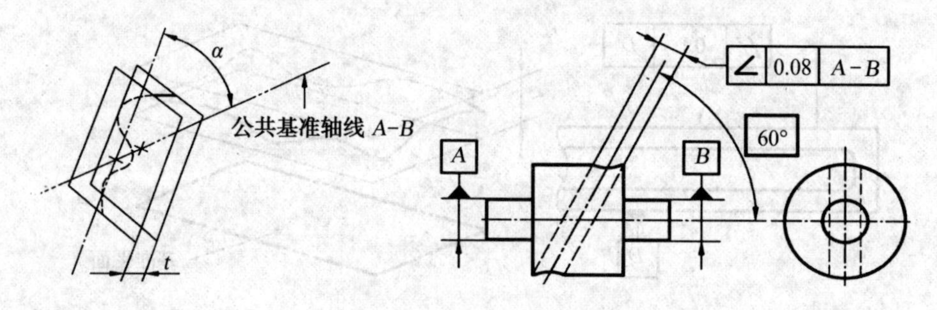

图 7-13　倾斜度公差带

(2)定位公差:根据零件的工作条件,零件上某些要素常常会有位置精度要求,此时用定位公差控制关联要素的位置误差。定位公差包括同轴度、对称度和位置度三种。

1)同轴度:同轴度用于控制轴类零件的被测轴线对基准轴线的同轴度误差,如图7-14所示。

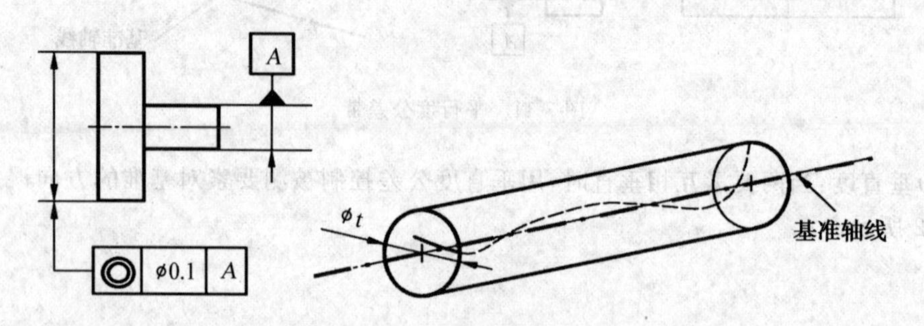

图 7-14　同轴度公差带

2)对称度:对称度用于控制被测要素中心平面(或轴线)的共面(或共线)性误差,如图 7-15 所示。

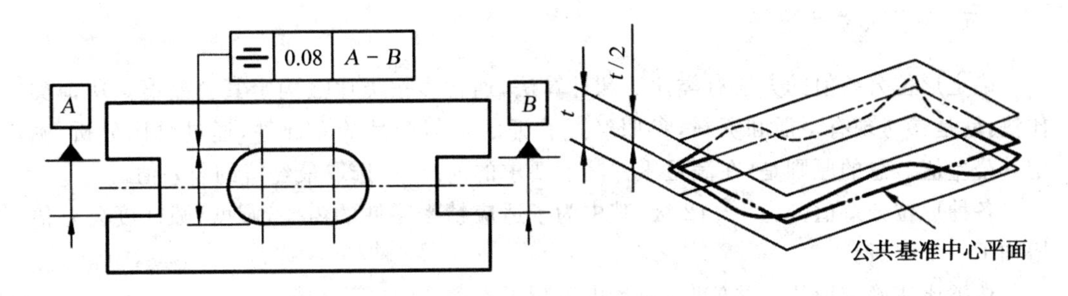

图 7-15　对称度公差带

3)位置度:位置度通常用于控制具有孔组的零件各孔轴线的位置误差。各孔的排列形式通常有圆周分布、链形分布和矩形分布等。因此,当孔组内各孔轴线处于理想位置时,其理想轴线之间及其对基准之间构成一个几何图形,这就是几何图框(三个基准面),如图 7-16 所示。

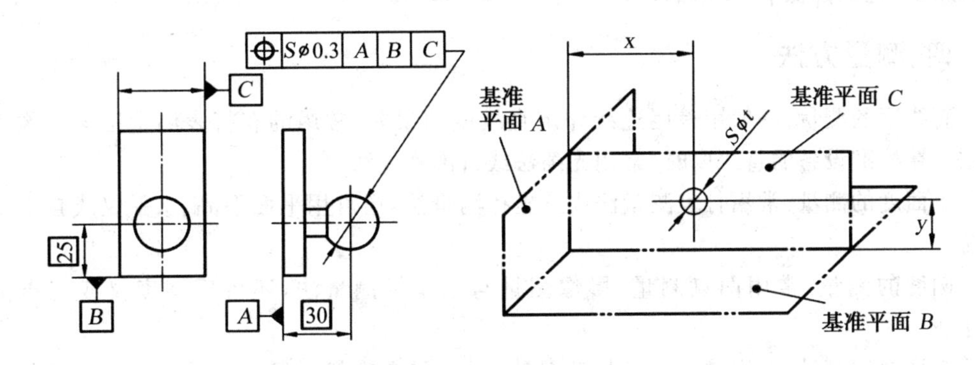

图 7-16　位置度公差带

(3)跳动公差:以特定的检测方式为依据而给定的公差项目。它的检测简单实用又具有一定的综合控制功能,能将某些形位误差综合反映在检测结果中,因而在生产中得到了广泛的应用。跳动公差分为圆跳动与全跳动。

1)圆跳动:分为径向圆跳动、端面圆跳动与斜向圆跳动三种。

径向圆跳动:其公差带在垂直于基准轴线的任一测量平面内,半径差为公差值 t,且圆心在基准轴线上的两个同心圆之间的区域。

端面圆跳动:其公差带在与基准轴线同轴的任一直径位置上的测量圆柱面上,沿母线方向宽度为公差值 t 的圆柱面区域。

2)全跳动:分为径向全跳动和端面全跳动两种。

径向全跳动:其公差带是半径差为公差值 t,且与基准轴线同轴的两圆柱面之间的区域。

端面全跳动:其公差带是距离为公差值 t,且与基准轴线垂直的两平行平面之间的区域。端面全跳动的公差带与端面对轴线的垂直度公差带是相同的,因而两者控制位置误差的效果也是一样的。

(五)形位公差的选择

确定形位公差值的方法有类比法和计算法,通常多按类比法确定其公差值。所谓类比法,就是参考现有手册和资料,参照经过验证的类似产品的零部件,通过对比分析,确定其公差值。总的原则是:在满足零件功能要求的前提下,选取最经济的公差值。

各种形位公差值分为1～12级,其中为了适应精密零件的需要,圆度、圆柱度公差值增加了一个0级。

按类比法确定形位公差值时,应考虑下列因素:

在同一要素上给定的形状公差值应小于位置公差值。如同一平面上,平面度公差值应小于该平面对基准的平行度公差。

圆柱形零件的形状公差值(轴线直线度除外)一般情况下应小于其尺寸公差值。

平行度公差值应小于其相应的距离公差值。

根据使用情况,考虑到加工难易程度和除主参数外其他参数的影响,在满足工件功能要求下,适当降低1～2级选用。

四、测量方法

直线度的测量:一般用首尾连线评定直线度的误差,常用的有打表测量法与影像测量法。在校准设备的直线度时,常用光隙法或自准直仪法。

平面度的测量:常用打表测量法或三坐标测量法,还可用平面平晶、水平仪或自准直仪法。

圆度的测量:常用两点测量、影像测量与三坐标测量法,还可用圆度仪或三点测量法。

圆柱度的测量:常用的是三坐标测量法,还可用圆度仪测量法。在同轴度误差较小时,也可用径向全跳动来代替检验。

线、面轮廓度的测量:利用仿形测量装置,将轮廓样版与被测量轮廓比较,测其光隙大小。用三坐标测量法,通过数据处理得出结果。

定向误差的测量:常用影像或三坐标测量法,也可使用打表测量法。在测量垂直度与倾斜度时,可以借助辅具转换基准面。

定位误差的测量:可用影像和三坐标测量法直接测量,对称度也可以用打表测量法。位置度投影完后得出的相对于理论正确尺寸的偏差 f_x 与 f_y,需再通过计算才能得出位置度误差值。也可用综合量规检验孔组位置度。

跳动量的测量:建立基准,并使被测件绕基准轴线做无轴向移动的旋转。指示表面固定位置上的变动量反映该截面的圆跳动值;指示表沿被测要素的理想方向移动(连续或间断),则指示表的示值最大变动量为全跳动值。无特殊规定时,提示表的测头均应垂直于被测要素。

(一)平面度误差的测量

1.测量器具

测量平板、千分表、万能表架、可调支撑。

2.平面度误差测量的基本知识

平面度误差用以限制平面的形状误差。其公差带是距离为公差值的两平行平面之间的区域。规定,理想形状的位置应符合最小条件,常见的平面度误差测量方法有用指示表测量、用光学平晶测量、用水平仪测量及用自准仪和反射镜测量,也有用光波干涉法和平板涂色法测量的。

测量小型平板的平面度误差主要方法为用标准平板作为基准平面,用指示表进行测量。

如图 7-17 所示,标准平板精度较高,一般为 0 级或 1 级。对于大中型平板,通常用水平仪或准直仪进行测量,可按一定的布线方式,测量若干直线上的各点,再经适当的数据处理,统一为对某一测量基准平面的坐标值。

不管用何种方法,测量前都是在被测平面上画方格线,并按所画线进行测量。

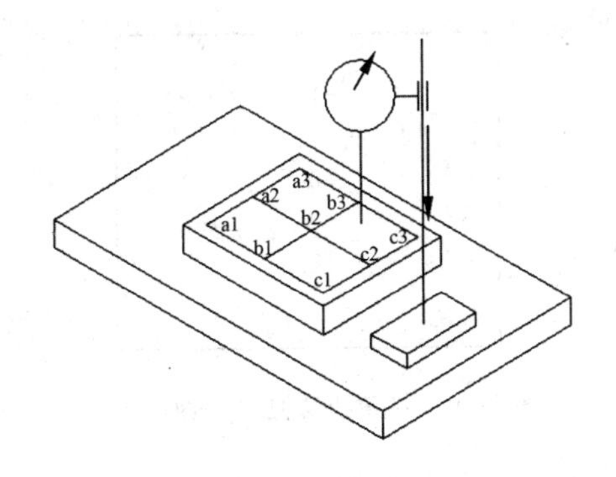

图 7-17　平面度误差测量

测量所得数据是针对测量基准而言的。为了评定平面度误差的误差值,还需进行数据处理(坐标转换),以便将测得值转换为与评定方法相应的评定基准的坐标值。转换方法很多,如旋转逼近法、一次旋转法等。

评定基准与所选用的评定方法有关,平面度误差值的评定方法主要有三种:三点法、对角线法、最小包容区域法。

3.测量原理与方法

(1)三点法:在被测表面上以最远三点建立理想平面,实际表面上最高点和最低点到理想平面的距离之和为被测表面的平面度误差。

测量时,将被测零件放在标准平板上,用千分表配合千斤顶,将被测表面最远三点调零,以通过三个等值点的平面作为理想平面(评定基准),测出其余均布各点(按一定均布的栅格,常用 9、16、25 点等)。相对于理想平面的偏差,如图 7-18 所示,由于理想平面(评定基准)与测量基准方向一致,故不需要经过数据处理,根据定义,其平面度误差为:

$$f=|+16|+|-22|=38$$

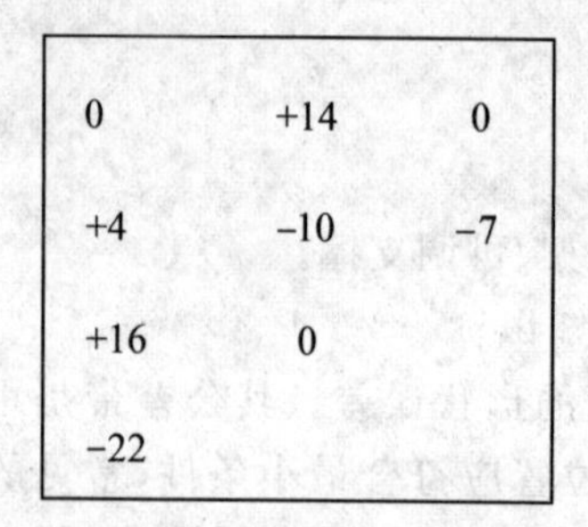

图 7-18 三点法测量平面度误差

(2)对角线法:由被测表面的四个角点,分别按对角点连接成两交叉直线,通过其中一条对角线且平行于另一条对角线,可决定一平面,以此平面作为评定平面度误差的理想平面。实际表面上最高点与最低点到理想平面的距离之和为平面度误差。

测量时,将一条对角线的二角点与标准平板调等高(即指示表和读数值相同),再将百分表调零,然后将另一条对角线二角点与标准平板调等高,即确定了理想平面位置,最后再测出其余各点相对于理想平面的偏差,如图 7-19 所示。

0	-1	-4
-8	+2	+3
-4	+6	0

图 7-19 对角线法测量平面度误差

由于理想平面与测量基准方向一致,故不需要经过数据处理,其平面度误差为:

$$f=|+6|+|-8|=14$$

(3)最小包容区域法

1)原理:这种方法是根据评定形状误差时应符合最小条件的原则所提出的一种评定方法,用二平行平面紧紧包容被测实际表面,二平行平面之间的距离即为平面度误差。由于理想平面一般不可能与测量基准方向一致,所以要进行数据处理。根据最小条件的原则,理想平面不能与实际表面相割,所以必须找出实体之外与被测表面相接触的理想表面,故必须将理想平面移到实测点的最高点上,其他各点都相应减去最高点的值,但这个理想平面不一定紧紧包容被测表面,所以要将它旋转。旋转到符合判别准则(见图 7-20)规定的任一情况为止。

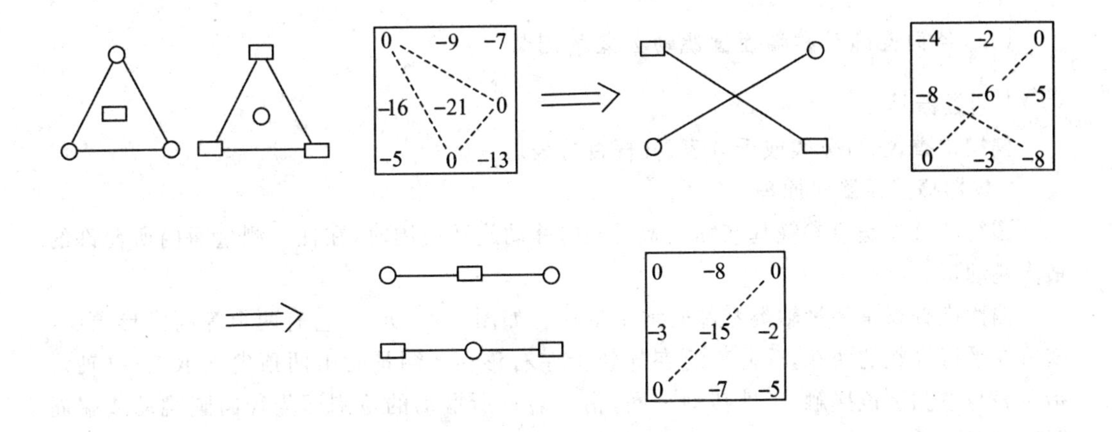

图 7-20　平面度判别准则

2)数据处理步骤：

a.将被测面的最高点取零,其他各测点数值都减去原最高点的数值。

b.确定旋转轴:选择通过最高点(即数值为零的点)为旋转轴,并以最有利于减少平面度误差的任一行、列或斜线为旋转轴。

c.确定最低点旋转量 Q:原则是既不出现数值为正的点,又不出现小于原有最大负值的点。

$$Q=K-n$$

式中:n——最低点原值。

　　k——最低点旋转后的值。

d.求其他各点旋转量:

$$Qi=\left(\frac{Q}{m}\right)i$$

式中:m——最低点到旋转轴的间隔数。

　　i——各点到旋转轴的间隔数

e.计算各点到理想平面的值。

f.用准则进行判别,如不符合准则,再继续旋转,直到符合某一种判别准则为止。

g.确定被测表面的平面度误差。

4.实验步骤

(1)按确定了的测量点数,在被测小平板上画好网格(一般为 9 点),四周离边缘 10 mm,如图 7-17 所示。

(2)将被测小平板置于标准平板上,并用三个千斤顶支起。调节千斤顶使被测平面大致处于水平位置,即表的指示针差别不大。

(3)按被测平面上所画线的交点进行测量,记下 9 个数据。

(4)按最小包容区域法进行数据处理,求得平面度误差值。

(二)径向圆跳动和端面圆跳动公差的测量

1.测量器具

偏摆检查仪、百分表或千分表、杠杆百分表。

2.仪器概述及测量原理

圆跳动公差是要素绕基准轴线做无轴向移动旋转一周时，在任一测量面内所允许的最大跳动量。

偏摆检查仪是测量轴类零件的常用量仪。如图 7-21 所示，它有两个等高锥形顶尖，安置在平行导轨的两端，千分表可在导轨上左右移动。测量时由两顶尖支承工件(轴)，指示表与被测部位接触，工件转动一圈，指示表针所摆动的范围即为径向圆跳动或端面圆跳动误差。

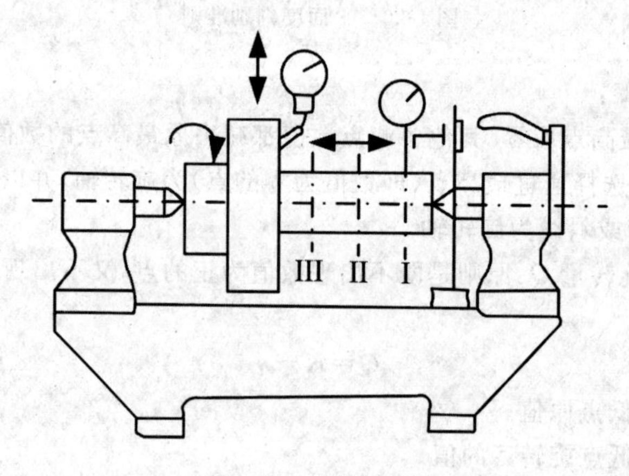

图 7-21　偏摆检查仪

3.测量步骤

(1)径向圆跳动的测量：

1)将零件擦净，置于偏摆检查仪两顶尖之间(带孔零件要装在心轴上)，使零件转动自加，但不允许轴向窜动，然后固紧二顶尖座。当需要卸下零件时，一手扶着零件，一手向下按手把即取下零件。

2)将百分表装在表架上，使表杆通过零件轴心线，并与轴心线大致垂直，使测头在被测表面的法线方向与被测表面接触，并压缩 1～2 圈，紧固表架。

3)转动被测件一周，记下百分表读数的最大值和最小值，该最大值与最小值之差为 I－I截面的径向圆跳动误差值。

4)测量应在轴向的三个截面上进行，取三个截面中圆跳动误差的最大值，为该零件的径向圆跳动误差。

(2)端面圆跳动的测量：

1)将杠杆百分表夹持在偏摆检查仪的表架上，缓慢移动表架，使杠杆百分表的测量头在被测表面的法线方向与被测表面接触，并预压 0.4 mm 测杆的正确位置。

2)转动工件一周，记下百分表读数的最大值和最小值，该最大值与最小值之差即为直径处的端面圆跳动误差。

3)在被测端面上均匀分布的三个直径处测量,取其中的最大值为该零件端面圆跳动误差。

注意:无论是测径向圆跳动还是测端面圆跳动,百分表测头的位移方向应与被测表面测量点法线方向一致。

五、思考题

(1)三种平面度误差测量方法的优缺点是什么?

(2)评定平面度误差的三种判断准则是什么?怎样理解?

(3)在测量中,公共轴心线是如何体现的?可否用V型铁支承轴进行测量?

实验八　粗糙度参数认知及测量

一、实验目的

(1)学习表面粗糙度的概念及含义。
(2)熟悉表面粗糙度的测量方法。

二、实验内容

用粗糙度样块及粗糙度轮廓仪测量表面粗糙度。

三、实验设备

光切显微镜、粗糙度轮廓仪、被测工件。

四、粗糙度参数

(一)表面粗糙度

零件表面经加工后,看起来很光滑[见图 8-1(a)]。若用放大镜观察,则会看到表面有明显高低不平的粗糙痕迹[见图 8-1(b)]。这种加工表面上所具有的较小间距和微小峰谷不平度称为表面粗糙度。

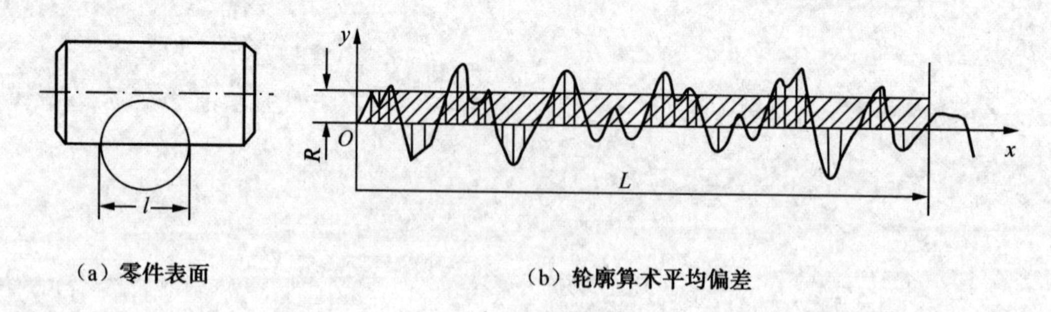

(a) 零件表面　　(b) 轮廓算术平均偏差

图 8-1　零件表面

主要术语及定义如下:

取样长度 l:取样长度是用于判别和测量表面粗糙度时所规定的一段基准线长度,它在轮廓总的走向上量取。规定和选择这段长度是为了限制和削弱表面波度对表面粗糙度测量结果的影响。

几何形状误差又可分为宏观几何形状误差、波度和微观几何形状误差。

波距与波高之比大于 1000 的几何形状误差，称为宏观几何形状误差，如圆度误差、直线度误差等。

波距与波高之比在 50～1000 范围内的几何形状误差，称为波度。

表面粗糙度是加工表面的微观几何形状误差。取样长度和评定长度的取值如表 8-1 所示。

表 8-1　取样长度和评定长度的取值

参数值及数值(μm)		l (mm)	L_n ($L_n=5l$)mm
R_a	R_z		
0.08～0.02	0.025～0.10	0.08	0.40
0.02～0.10	0.10～0.50	0.25	1.25
0.10～2.00	0.50～10.00	0.80	4.00
2.00～10.00	10.00～50.00	2.50	12.50
10.00～80.00	50.00～320.00	8.00	40.00

评定长度 L：由于加工表面有着不同程度的不均匀性，为了充分合理地反映某一表面的粗糙度特性，规定在评定时所必需的一段表面长度，它包括一个或数个取样长度，称为评定长度 L。

轮廓中线 m：轮廓中线是评定表面粗糙度数值的基准线。在取样长度内，在轮廓上各点的轮廓偏距 y_i 的平方和为最小，这条基准线称为轮廓的最小二乘中线，如图 8-2 所示。

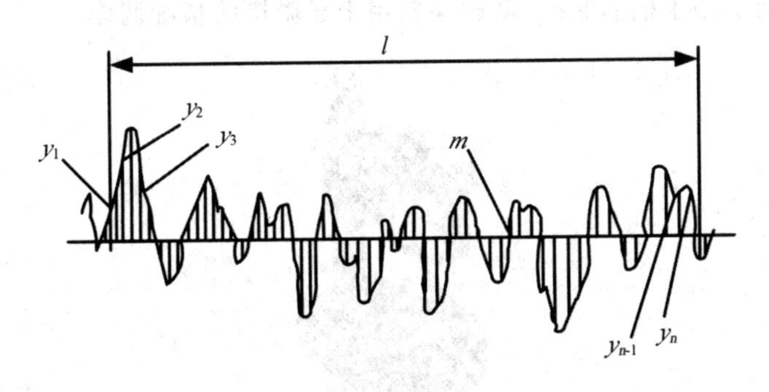

图 8-2　轮廓中线

(二)表面粗糙度的评定参数及其数值

评定表面粗糙度的参数由高度参数、间距参数和综合参数组成，共 6 个(见图 8-3)。最常用的评定参数有 2 个：轮廓算术平均偏差 R_a 和轮廓最大高度 R_z。

轮廓算术平均偏差：在取样长度 L（用于判别具有表面粗糙度特征的一段基准线长度）内，轮廓偏距 y_i（表面轮廓上点至基准线的距离）绝对值的算术平均值，用 R_a 表示。

轮廓最大高度 R_z：在取样长度内，轮廓峰顶线和轮廓谷底线之间的距离。

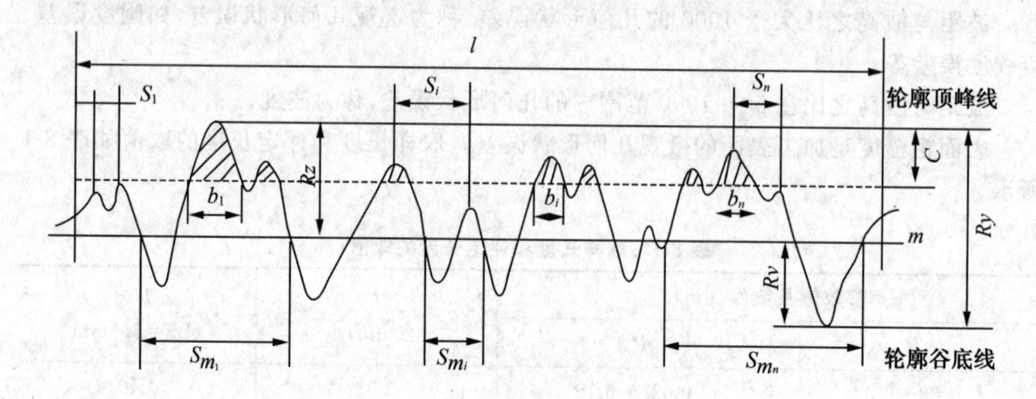

图 8-3　常用的表面粗糙度评定参数

五、测量原理

光切显微镜是以光切法原理，测量和观察机械零件加工表面的微观几何形状误差的，可在不破坏零件表面的条件下测出工件截面轮廓最大高度和沟槽宽度的实际尺寸。此外，还可测量零件表面上个别位置的加工痕迹和破损情况。

光切显微镜用于测量 R_z 在 0.8～63 μm 范围内的表面粗糙度。因此，此仪器只能对外表面进行测量。除对金属进行测量外，它也可对纸张、木材和人工材料进行测量。

仪器的外形如图 8-4 所示。基座上装有立柱。显微镜的主体通过横臂和立柱连接，转动调节螺母将横臂沿立柱上下移动。此时，显微镜进行粗调焦，并用紧固螺钉将横臂紧固在立柱上。显微镜的光学系统压缩在一个封闭的壳体内，在壳上装有可替换的物镜组（它们插在滑板上用手柄固紧）。微调手轮用于显微镜的精细调焦。

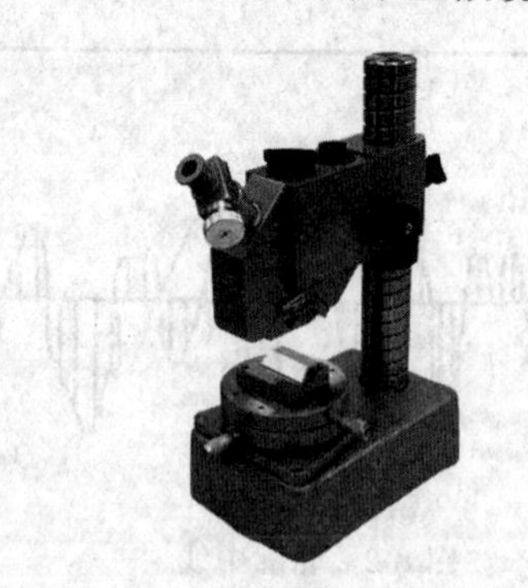

图 8-4　光切显微镜外形

在仪器的坐标工作台上，利用横千分尺和纵千分尺可对工件进行坐标测量与调整。如被测零件较大，不能安放在仪器的工作台上，则可放松紧固螺钉，将显微镜主体旋转到仪器的两侧或背面进行测量。

仪器的主要性能如表 8-2 所示。

表 8-2 仪器的主要性能

物镜放大倍数 N	总放大倍数	目镜视场直径(mm)	物镜与工件距离(mm)	测量范围 R_z(μm)	换算系数 E(μm/格)
7×	60×	2.5	9.50	20.0～30.0	1.250
14×	120×	1.3	2.50	6.3～20.0	0.630
30×	260×	0.6	0.20	1.6～6.3	0.294
60×	510×	0.3	0.04	0.8～1.6	0.147

用光切显微镜测量轮廓最大高度值利用了光切法原理，其原理如图 8-5 所示。

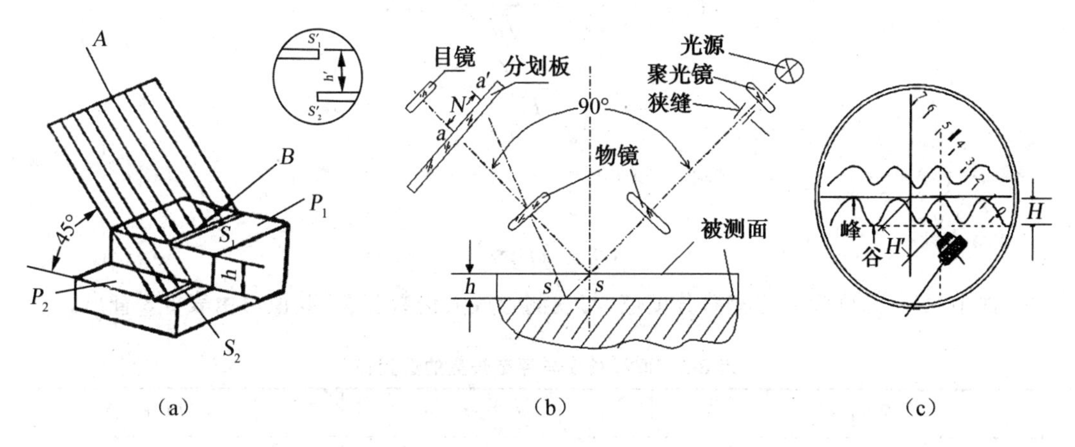

图 8-5 光切原理

测量时如图 8-5(b)所示，由光源发出的光经透镜成为平行光，再经滤光片，成为单色光。通过狭缝形成一条扁平的带状光束，以 45°的方向经过透镜投射到被测工件表面上。该光束如同一平面(也叫光切面)与被测表面成 45°角相截，由于被测表面粗糙不平，故两者交线为一凸凹不平的轮廓线。根据光学反射定律，该光线又由被测表面反射，进入斜置 45°的观测管内，经物镜成像在分划板上，如图 8-5(c)所示。由于入射光束有一定宽度，所以通过目镜就可看到一条有一定宽度的凸凹不平的弯曲亮带，此亮带即工件表面上被照亮了狭长部分的放大轮廓。此亮带弯曲量的大小反映了工件的表面粗糙度，但是被放大了 n 倍。亮带的两个边是扁平光束与工件表面相截形成的两个截面，都反映了表面粗糙度，测量哪个截面(光边)都可以，哪个边清晰，测量哪个边，但只能测量同一个边，不允许两边混测。

这种用光平面切割被测表面而进行表面粗糙度测量的方法，叫光切法。

由图 8-5 可知被测表面的轮廓高度 h 与通过目镜在分划板上看到的亮带影像高度 H 之间有下述关系：

$$h = SS' \cdot \cos 45^\circ = \frac{H}{N}\cos 45^\circ = \frac{H}{\sqrt{2}N}$$

$$H = h\sqrt{2}N$$

式中：H——目镜中看到的峰谷高度（即刻度套筒上峰、谷读数之差）。

　　N——观测管的放大倍数。

亮带影像高度 H 是用目镜测微器来测量的。目镜测微器中有一块固定分划板和一块活动分划板，固定分划板上刻有 0～8 共九个数字和九条刻线，而活动分划板上刻有十字线及双标线，转动刻度套筒可使其移动。

测量时，转动刻度套筒，让十字线中的水平线（测 R_z 时，不用垂直线）先后与影像的峰、谷分别相切，读出数据。为了计算方便，将公式 $H = h\sqrt{2}N$ 中的$\sqrt{2}$消除，所以设计仪器时，使目镜测微器中的十字线移动的轨迹与要测量的亮带高度方向成 45°角。影像高度 H 与十字线实际移动距离 H' 有下述关系：

$$H' = \frac{H}{\cos 45^\circ} = \frac{h\sqrt{2}N}{\frac{\sqrt{2}}{2}} = 2hN$$

$$h = \frac{H'}{2N}$$

令 $\frac{1}{2N} = E$，则

$$h = H'E$$

式中：E——目镜刻度套筒分度值，与观测管放大倍数有关，其值可由表 8-3 查出。

表 8-3　取样长度与评定长度的选用值

R_z（μm）	l（mm）	l_n（$l_n=5l$）（mm）
0.025～0.100	0.08	0.40
0.100～0.500	0.25	1.25
0.500～10.00	0.80	4.00
10.000～50.000	2.50	12.50
50.000～320.000	8.00	40.00

六、测量步骤

对照双管显微镜的外形图进行操作。准备工作如下：

（1）根据被测工件表面粗糙度要求，查表 8-2，选取一对放大倍数合适的物镜，分别安装在光源管和观测管的下端。

（2）按 R_z 值，确定取样长度 l 与评定长度 l_n，然后查表 8-3。

（3）将光源插头接变压器，变压器接 220 V 电源。

测前调整如下：

（1）擦净被测工件，并置于仪器工作台上，使工件表面位于物镜正下方。若被测件不位于物镜正下方，可松开工作台紧固螺钉，调整工作台，或松开支臂紧固螺钉，转动横臂，

进行对准。

(2)松开横臂紧固螺钉,转动调节螺母,使横臂带动双管缓慢下降(注意,切勿使物镜撞到工件表面上),观察工件被测表面,直到其上出现一条狭窄的绿色光带后,再将横臂紧固螺钉锁紧。

(3)松开工作台紧固螺钉,转动工作台,使光带与工件被测表面的加工痕迹方向相垂直。

(4)缓慢转动微调手轮,使目镜视场中出现一条绿色光带,并使之移到视场中部。

在(2)(4)步骤中,反复循环调节,直至达到要求:亮带最亮、最窄,凸凹最大,边缘最清晰。

(5)松开紧固螺钉,转动目镜测微器,使目镜中十字线的水平线平行于亮带轮廓中线(估计方向),拧紧螺钉。

进行测量如下:

(1)学会读数方法:先由视场内双标线所处位置确定读数(为首位数),然后再读取刻度套筒上指示的格数(为十位数和个位数),并取两者读数之和为测得值,单位是格。由于套筒每转过一周(100 个格),视场内双标线移动 1 个格,所以双标线读数为百位数。

(2)转动目镜测微器上的刻度套筒,使十字线的水平线在亮带清晰的一边(另一边欠清晰)。在取样长度 l 范围内,分别与 5 个最高峰点和 5 个最低谷点相切(见图 8-6),读取 10 个读数。根据轮廓最大高度 R_z 定义,在取样长度 l 范围内有:

$$R_z = \frac{\sum_1^5 h_{峰} - \sum_1^5 h_{谷}}{5} \cdot E = \frac{(h_2 + h_4 + \cdots + h_{10}) - (h_1 + h_3 + \cdots + h_9)}{5} \cdot E$$

式中:$h_{峰}$、$h_{谷}$ 单位为格数。

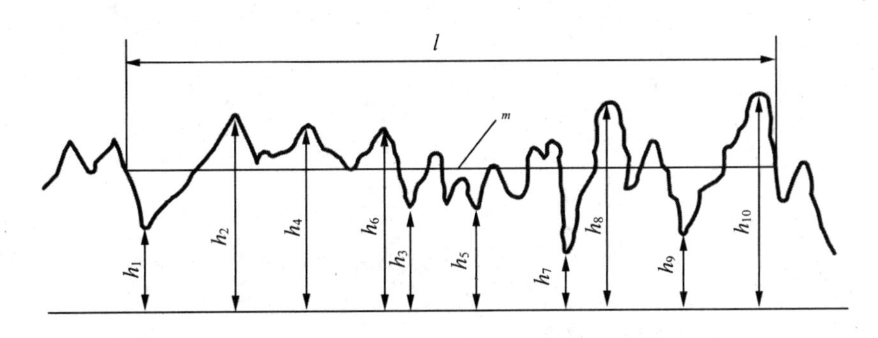

图 8-6　被测轮廓曲线图

(3)由于加工表面存在非均匀性,为了充分反映被测表面粗糙度的特征需测量几个 R_z 值,其 l_n 值的大小应根据不同加工方法和相应的 l 值来确定。在一般情况下,即中等均匀程度的粗糙度,其 l_n 值可从表 8-3 中选取。对于均匀性比较好的表面,可选小于 $5l$ 的 l_n 值,而对于均匀性较差的表面,则可选用大于 $5l$ 的 l_n 值。在确定 l_n 的值时,可参考表 8-4 中的数据。

表 8-4　依据表面轮廓特点取样长度和评定长度的取值

表面轮廓特点	取样长度 l(mm)	评定长度 l_n(mm)
比较规则和均匀(如车、铣、刨)	2.5	$(1\sim3)l$
不规则、不均匀(如精车、磨)	0.8	$(2\sim6)l$
很不规则和很不均匀(如精磨、研磨)	0.25	$(6\sim17)l$

旋转工作台的纵向千分尺,使工作台沿纵向移动。在评定长度 l_n 范围内,测出几个取样长度的 R_z 值,取其平均值作为该被测表面的轮廓最大高度 R_z 的实测值,即

$$R_z(\text{平均}) = \frac{\sum_{i=1}^{n} R_{zi}}{n}$$

(4)根据计算结果判断被测工件的表面粗糙度的合格性。

七、思考题

(1)为什么测量时,只测亮带一个边缘的峰谷点?

(2)当取样长度大于视场直径时,应怎样计算?

实验九　拆装工具的认知与使用

拆装工具是正确完成机器拆装的辅助器械，其中一部分也是在日常生活中经常使用的维修工具。我们需要熟练掌握所用拆装工具的名称、规格、用途以及使用规范，以保证人员和设备的安全，顺利完成机械拆装实践环节，培养规范使用工具的习惯。

一、实验目的

(1)熟练掌握常用拆卸与装配工具的使用。

(2)基本掌握典型零部件拆装的操作方法。

二、实验设备

扳手类、旋具类、拉力器、手锤类等。

三、拆装工具

(一)手锤

手锤用途非常广泛，可用于多种工作场合，如图 9-1 所示。

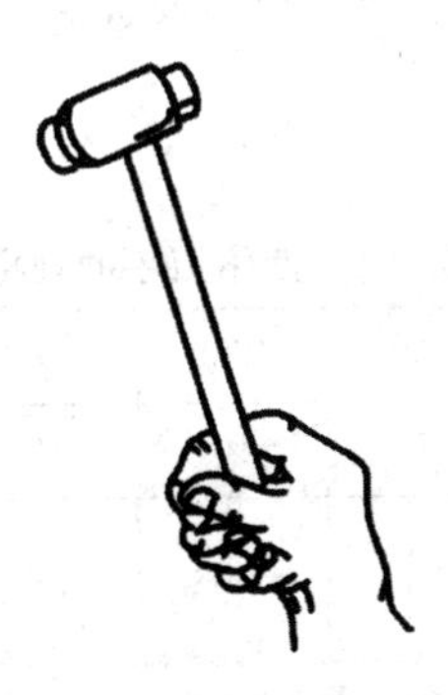

图 9-1　手锤

手锤的使用注意事项如下：

(1)锤表面要平整，有裂纹与缺口的锤头不准使用。

(2)锤柄要用胡桃木、蜡木等材料制成，并且不能存在弯曲、蛀孔、节疤等缺陷。锤柄要安装紧固，端头内要用铁楔钉牢。

(3)操作手锤时不得戴手套。锤柄、锤头及手上不能有油脂，以免滑脱，同时要随时检查锤头有无松动现象，并注意周围环境，防止发生事故。

(4)使用时，使整个锤头表面与工件接触，避免锤头边缘与工件接触(见图 9-2)。

(5)要根据各种不同加工的需要选择、使用手锤。

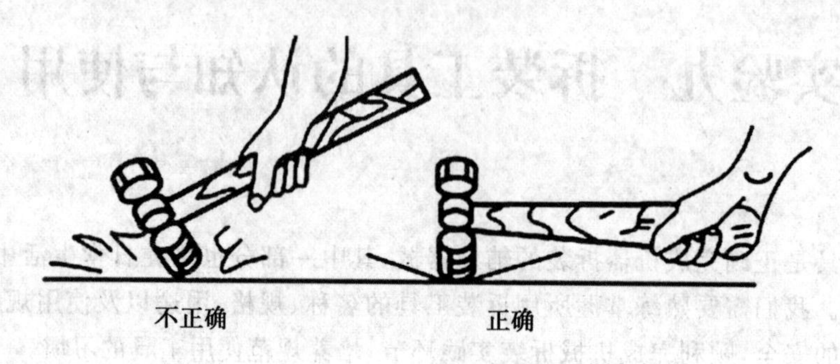

图 9-2　手锤的使用

(二)扳手

扳手是用来拧紧或旋松六方头或四方头螺栓与螺母的工具。

1.活络扳手

活络扳手的外形和规格如图 9-3 和表 9-1 所示。

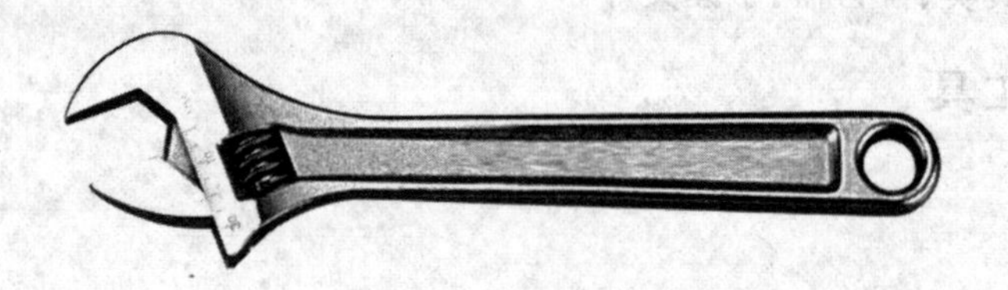

图 9-3　活络扳手

表 9-1　活络扳手的规格

扳手长度	mm	100	150	200	250	300	350	400	450	600
	in	4	6	8	10	12	14	16	18	24
最大开口尺寸/mm		14	19	24	30	36	41	50	55	65

使用时，应选用合适的扳手，并调整好扳手开口的大小，使两个钳口与螺栓或螺母的两对边完全贴紧。拧紧或旋松螺母时，应使与扳手体制成一体的固定钳口承受主要作用力，如图 9-4 所示。

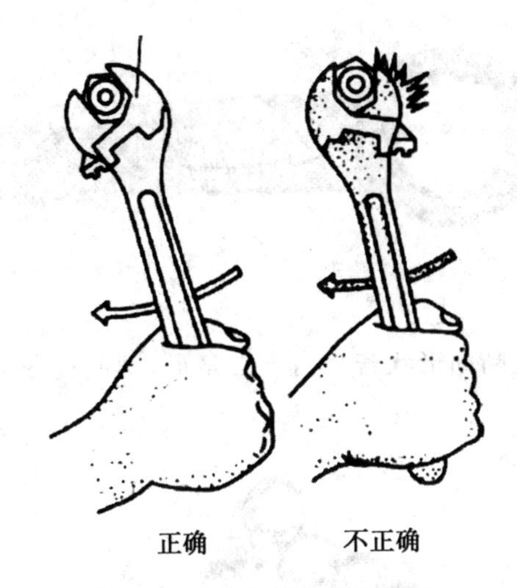

图 9-4　活络扳手的使用规范

2.专用扳手

专用扳手只能用于拧紧或旋松一种规格或形状的螺栓或螺母。

(1)开口扳手。开口扳手又叫呆扳手，分单头和双头两种，如图 9-5 所示。

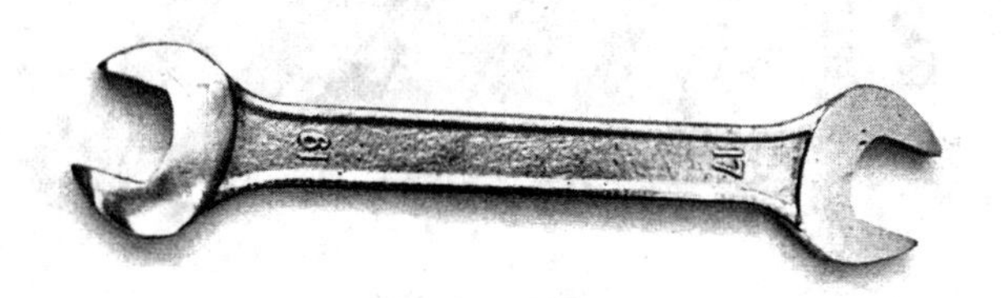

图 9-5　开口扳手

单头开口扳手的规格是以开口宽度的大小来区分的。单头开口扳手的规格为 8 mm、10 mm、12 mm、14 mm、17 mm、19 mm、22 mm、24 mm、27 mm、30 mm、32 mm、36 mm、41 mm、46 mm、50 mm、55 mm、65 mm、75 mm。

双头开口扳手有单件和成套两种，表 9-2 为双头开口扳手的规格。

表 9-2　双头开口扳手的规格

<table>
<tr><td colspan="2">单件扳手/mm</td><td>4×5,5.5×7,8×10,10×12,12×14,17×19,22×24,27×30,30×32,32×36,41×46,50×55,65×75</td></tr>
<tr><td rowspan="3">成套扳手/mm</td><td>6 件</td><td>5.5×7,8×10,12×14,14×17,17×19,22×24</td></tr>
<tr><td>8 件</td><td>6×7,8×10,9×11,12×14,14×17,17×19,19×22,22×24</td></tr>
<tr><td>10 件</td><td>5.5×7,8×10,9×11,12×14,14×17,17×19,19×22,22×24,24×27,30×32</td></tr>
</table>

(2)整体扳手。整体扳手的开孔断面形状有四方形、六方形和十二角形几种,其用途与开口扳手相同,并且也有单头与双头之分,但其强度比开口扳手高,可以承受较大的扭力,如图 9-6 所示。

图 9-6　整体扳手

双头整体扳手的开孔断面形状若为内十二角形,则叫梅花扳手,外形如图 9-7 所示,规格如表 9-3 所示。

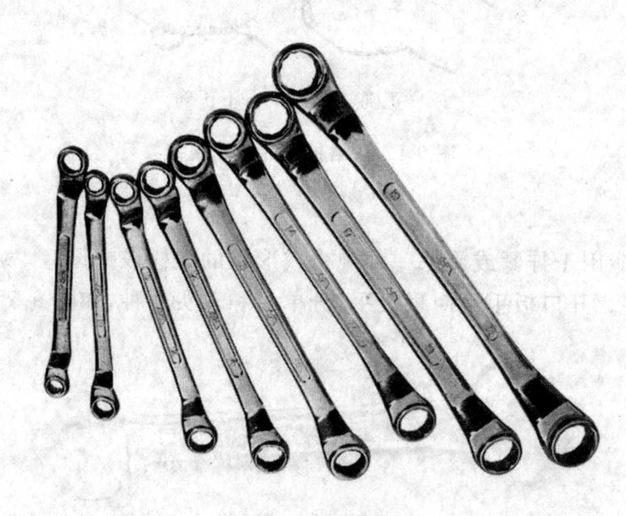

图 9-7　梅花扳手

表 9-3　梅花扳手的规格

单件扳手/mm		5.5×7,8×10,12×14,17×19,22×24,24×27,30×32,36×41,46×50
成套扳手/mm	6 件	5.5×7,8×10,12×14,14×17,19×22,24×27
	8 件	5.5×7,8×10,9×11,12×14,14×17,17×19,19×22,24×27

3.套筒扳手

套筒扳手由棘轮扳手、弯头手柄、滑行头手柄、活络头手柄、通用手柄、播手柄、接杆、直接头、万向接头、旋具接头和一套尺寸不同的套筒头组成,所有配件放置在铁皮盒内,携带较为方便,其外形和规格如图 9-8 和表 9-4 所示。

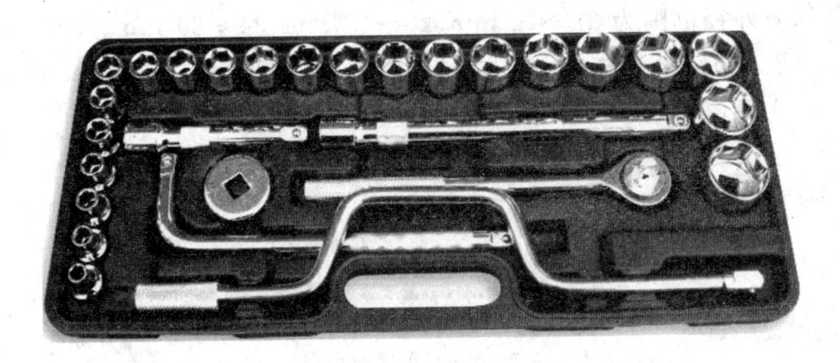

图 9-8　成套套筒扳手

表 9-4　套筒扳手的规格

件数/件	6	9	10	13	17	19	28
配套筒头个数/个	5	8	9	9	11	12	20

套筒头的规格数值被刻在套筒头的外圆柱表面上，其数值大小是指被拧动螺母平行对边的长度。图 9-9 为套筒头。表 9 5 为套筒头的部分规格。

图 9-9　套筒头

表 9-5　套筒头的部分规格

套筒扳手件数/件	配用套筒头的规格/mm	套筒扳手件数/件	配用套筒头的规格/mm
6	12,14,17,19,22	13	10,11,12,14,17,19,22,24,27
9	10,11,12,14,17,19,22,24	17	10,11,12,14,17,19,22,24,27,30,32
10	10,11,12,14,17,19,22,24,27	28	10,11,12,13,14,15,16,17,18,19,20,21,22,23,24,26,27,28,30,32

4.锁紧扳手

锁紧扳手的结构形式多种多样，分别适用于不同形状的圆形螺母。常用的锁紧扳手有勾头锁紧扳手(见图 9-10)、U 形锁紧扳手、冕形锁紧扳手和销头锁紧扳手。锁紧扳手适用圆形螺母的外径范围为 22～26 mm、28～32 mm、34～36 mm、38～42 mm、45～52 mm、55～62 mm、68～72 mm、78～85 mm、90～95 mm、100～110 mm、115～130 mm、135～145 mm、150～160 mm、165～170 mm。

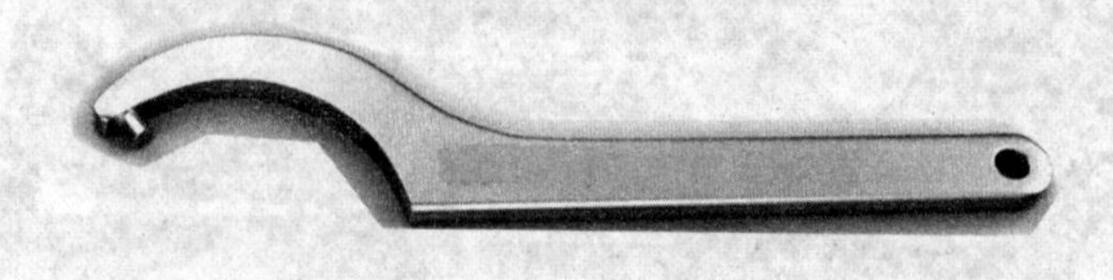

图 9-10　勾头锁紧扳手

5.内六角扳手

内六角扳手的断面形状为正六方形，主要用于拧紧或旋松带内六角槽的螺栓，其规格是按照螺栓内六角槽平行对边的距离来区分的，外形和规格如图 9-11 和表 9-6 所示。

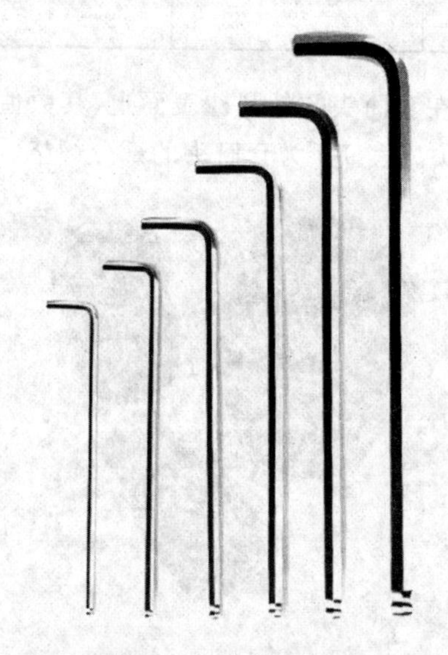

图 9-11　内六角扳手

表 9-6　内六角扳手的规格

公称尺寸/mm	3	4	5	6	8	10	12	14	17	19	22	24	27
短脚尺寸/mm	20	22	25	30	35	40	45	50	55	60	65	70	75
长脚尺寸/mm	65	75	85	95	110	125	140	150	170	180	210	225	250

6.测力扳手

测力扳手主要由窄而长的弹性扳手柄、与套筒头相配合的柱体、长指针、刻度盘以及手柄几部分组成，主要用来显示拧紧螺栓或螺母时拧紧力矩的大小，如图 9-12 所示。

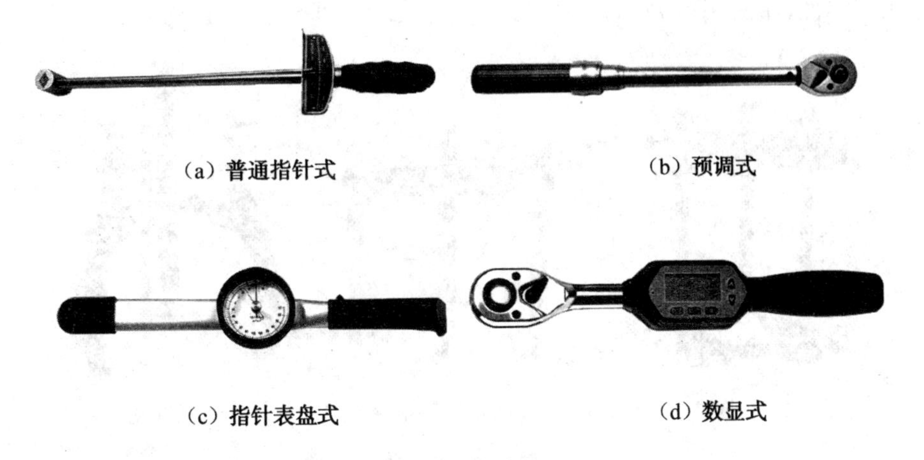

(a) 普通指针式　(b) 预调式

(c) 指针表盘式　(d) 数显式

图 9-12　测力扳手

扳手的使用与维护注意事项如下：

(1)选用扳手时，要按螺栓种类、规格以及所在的位置空间情况合理选用。

(2)使用扳手时，不准在扳手的开口中加垫片；不得用手锤打击扳手；使用活络扳手操作时，要将活动钳口收紧。

(3)使用套筒扳手、梅花扳手、内六角扳手时，扳手应放到螺母或螺钉的底部，并不得晃动。

(4)操作扳手拧紧螺栓时，一般不加套管接长手柄。除非对专门设计加套管使用的大扳手以及拧紧 M30 以上的螺栓。

(5)使用扳手时，最好是拉动，而不是推动，如拉动有困难采用推动时，须用手掌推，手指放开伸直向上，防止扳手撞伤手指关节。

(三)螺丝刀

螺丝刀又叫螺丝起子、改锥、螺钉旋具等，是拧紧或旋松带槽螺栓或螺钉的工具。螺丝刀分为普通螺丝刀和通芯螺丝刀两种。普通螺丝刀通常可分为一字形螺丝刀和十字形螺丝刀两种，如图 9-13 所示。

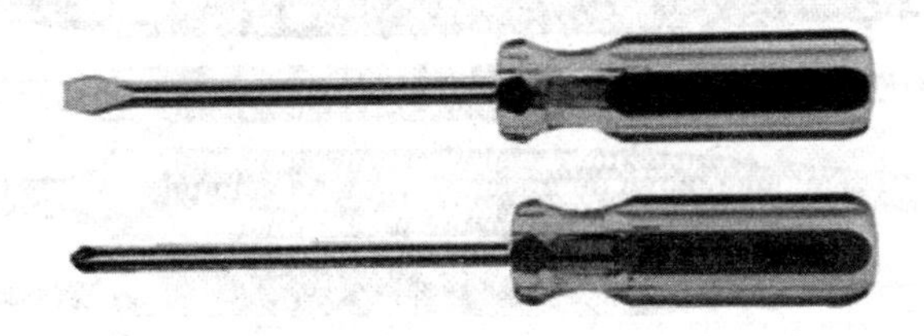

图 9-13　螺丝刀

(四)拉力器

拉力器也叫拆卸器或抓，是常用的一种拆卸工具，主要用来拆卸轴上的皮带轮、齿轮、轴承等零件，如图 9-14 所示。

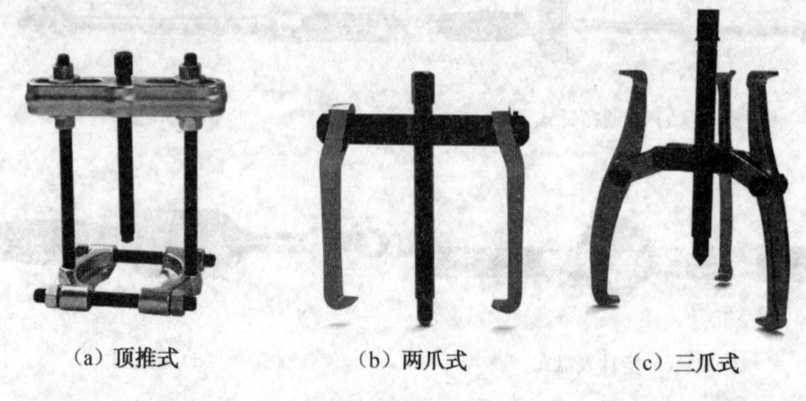

(a) 顶推式　　(b) 两爪式　　(c) 三爪式

图 9-14　拉力器

使用拉力器时应注意以下几点：

(1)用拉力器拆卸零件时，拉力器与被拆零件同心，以保持四周受力均匀。

(2)拆卸时要缓慢进行，不要强行拆卸。过盈的零件要加热膨胀后进行拆卸，以免损坏零件。

(3)拉力器几个拉杆距离要相等，使各方向受力一致，避免产生歪斜，影响正常拆卸工作。

(4)当拆卸大型轴承时，必须把拉力器架设好。当轴承快离开轴时，易出现歪斜，损坏轴承。因此在拆卸后期，用手锤轻轻敲击拉力器的后部，以保持平衡。

(六)锉刀

锉刀用于锉削或修整金属工件的表面和孔、槽，如图 9-15 所示。

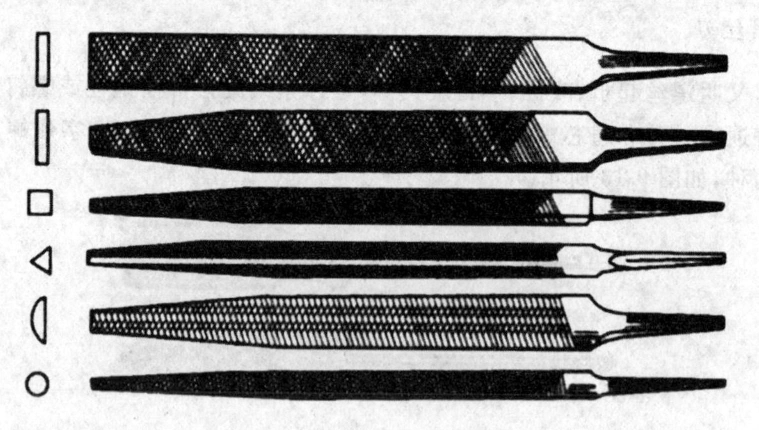

图 9-15　锉刀

锉刀的具体分类如下：

(1)钢锉：钢锉和锉刀一样，大致可分为普通锉、特种锉和整形锉(什锦锉)三类。

(2)普通锉：按锉刀断面的形状又分为平锉、方错、三角锉、半圆锉和圆锉五种。平锉用来锉平面、外圆面和凸弧面；方锉用来锉方孔、长方孔和窄平面；三角锉用来锉内角、三角孔和平面；半圆锉用来锉凹弧面和平面；圆锉用来锉圆孔、半径较小的凹弧面和椭圆面。

(3)特种锉：用来锉削零件的特殊表面，有直形和弯形两种。

(4)整形锉(什锦锉)：适用于修整工件的细小部位，许多各种断面形状的锉刀可组成一套。

(七)台虎钳

台虎钳安装在工作台上，用于夹持工件，以便钳工操作，如图 9-16 所示。

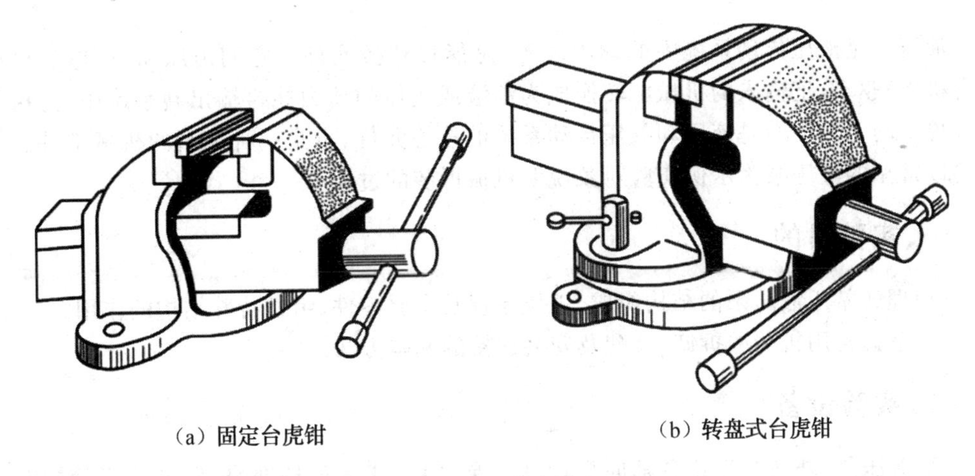

(a) 固定台虎钳　　(b) 转盘式台虎钳

图 9-16　台虎钳

使用要求：必要时，钳口装铜片或其他软金属垫，避免夹坏工件表面；夹紧力要合适，不能用套筒或手锤敲击，不可随意加大夹紧力；严禁敲击、锯、锉钳口。

实验十 液压泵拆装实验

液压泵是液压传动系统中的动力装置，是能量转换元件。它们由原动机(电动机或内燃机等)驱动，把输入的机械能转换成为油液或气体的压力能再输出到系统中，为执行元件提供动力。它们是液压和气压传动系统的核心元件，也是一种典型的机械部件。本实验以常见的液压泵为示例实验对象说明机械拆装的过程。

一、实验目的

(1)理解常用液压泵的结构组成、工作原理及主要零件、组件特殊结构的作用。

(2)掌握常用机器的拆卸、装配及安装连接的基本方法。

二、实验设备

(1)液压泵:外啮合齿轮泵轴向变量柱塞泵、斜轴式变量柱塞泵、斜轴式变量柱塞马达、定量叶片泵、变量叶片泵、柱销式叶片泵、叶片马达各2台。

(2)工具:内六角扳手2套、固定扳手、螺丝刀、铜棒、卡簧钳等。

(3)辅料:棉纱、煤油等。

三、液压泵拆装

(一)齿轮泵

型号:CB-FA10-FL外啮合齿轮泵。

结构:如图10-1及图10-2所示。

图10-1 齿轮泵三维示意图

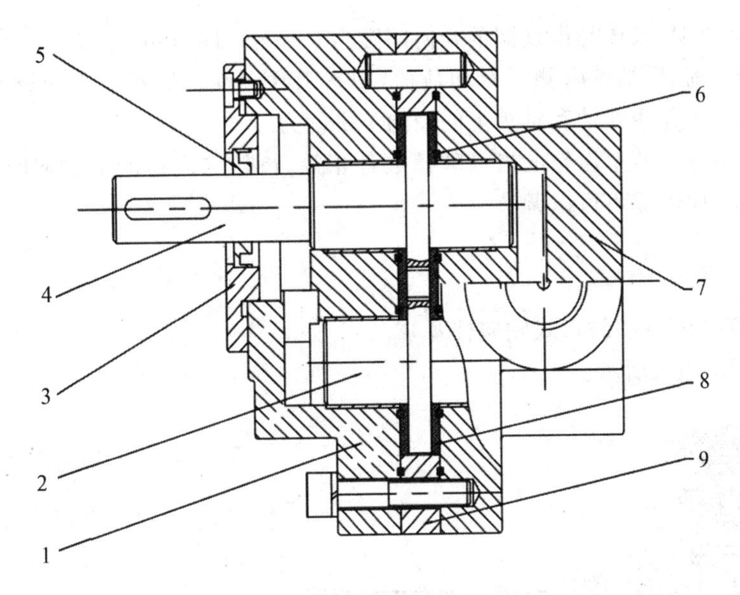

1—前盖；2—从动齿轮轴；3—端盖；4—主动齿轮轴；5—油封；
6—密封圈；7—后盖；8—浮动侧板；9—中板。
图 10-2　齿轮泵结构示意图

1.工作原理

在吸油腔，轮齿在啮合点相互从对方齿槽中退出，密封工作空间的有效容积不断增大，完成吸油过程。在排油腔，轮齿在啮合点相互进入对方齿槽中，密封工作空间的有效容积不断减小，实现排油过程。

2.拆装步骤

(1)拆解齿轮泵时，先用内六角扳手在对称位置松开紧固螺栓，之后取掉螺栓，取掉定位销，掀去前泵盖，观察卸荷槽、吸油腔、压油腔等结构，弄清楚其作用，并分析工作原理。

(2)从泵体中取出主动齿轮及轴、从动齿轮及轴。

(3)分解端盖与轴承、齿轮与轴、端盖与油封(此步可以不做)。

(4)装配步骤与拆卸步骤相反。

3.拆装注意事项

(1)拆装中应采用铜棒敲打零部件，以免损坏零部件和轴承。

(2)拆卸中遇到元件卡住的情况时，不要乱敲硬砸，请指导老师来帮助解决。

(3)装配时，遵循“先拆的零部件后安装，后拆的零部件先安装”的原则，正确合理地进行安装，脏的零部件应用煤油清洗后才可安装，安装完毕后应使泵转动灵活平稳，没有阻滞、卡死现象。

(4)装配齿轮泵时，先将齿轮、轴装在后泵盖的滚针轴承内，轻轻装上泵体和前泵盖，打紧定位销，拧紧螺栓，注意使其受力均匀。

4.主要零部件分析

取出泵体，观察卸荷槽、消除困油槽及吸油腔、压油腔等的结构，分析其作用。

(1)泵体。泵体的两端面开有封油槽，此槽与吸油口相通，用来防止泵内油液从泵体与泵盖接合面外泄，泵体与齿顶圆的径向间隙为 0.13～0.16 mm。

(2)端盖。前、后端盖内侧开有卸荷槽，用来消除困油。后端盖上的吸油口大、压油口小，可用来减小作用在轴和轴承上的径向不平衡力。

(3)油泵齿轮。两个齿轮的齿数和模数都相等，齿轮与端盖间的轴向间隙为 0.03～0.04 mm，且轴向间隙不可以调节。

(二)轴向柱塞泵

型号：SCY14-1B 型斜盘式轴向柱塞泵。

结构：如图 10-3 所示。

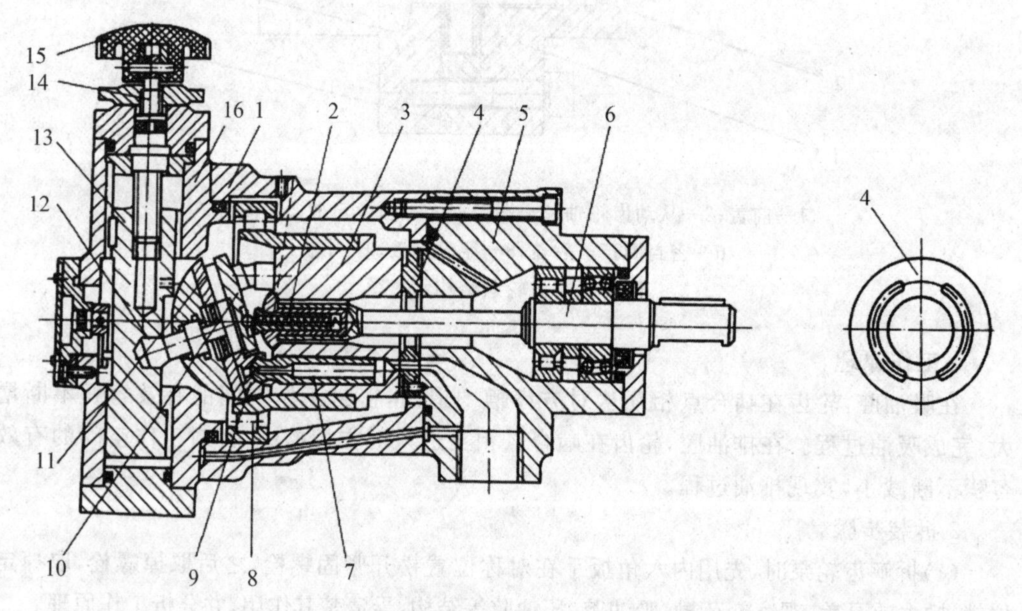

1—泵体；2—定心弹簧；3—缸体；4—配流盘；5—前泵体；6—传动轴；7—柱塞；8—轴承；9—滑履；10—压盘；11—斜盘；12—轴销；13—变量活塞；14—丝杠；15—手轮；16—变量机构壳体。

图 10-3 SCY14-1B 型斜盘式轴向柱塞泵

1.工作原理

当电机带动油泵的传动轴旋转时，缸体随之旋转，由于装在缸体中的柱塞的球头部分上的滑靴被回程盘压向斜盘，因此柱塞将随着斜盘的斜面在缸体中做往复运动，从而实现油泵的吸油和排油。油泵的配油是由配油盘实现的。改变斜盘的倾斜角度就可以改变油泵的流量输出。

2.拆装步骤及注意事项

(1)拆解轴向柱塞泵时，先拆下变量机构，取出斜盘、柱塞、压盘、套筒、弹簧、刚球，注意不要损伤，观察、分析其结构特点，搞清各自的作用。

(2)轻轻敲打泵体，取出缸体，取掉螺栓，分开泵体为中间泵体和前泵体，注意观察、分析其结构特点，搞清各自的作用，尤其注意配流盘的结构、作用。

(3)拆卸中遇到元件卡住的情况时，不要乱敲硬砸，请指导老师来解决。

(4)装配时,先装中间泵体和前泵体,注意装好配流盘,之后装上弹簧、套筒、钢球、压盘、柱塞;在变量机构上装好斜盘,最后用螺栓把泵体和变量机构连接为一体。

(5)装配中,注意不能最后把花键轴装入缸体的花键槽中,更不能猛烈敲打花键轴,避免花键轴推动钢球顶坏压盘。

(6)安装时,遵循“先拆的零部件后安装,后拆的零部件先安装”的原则,安装完毕后应使花键轴带动缸体转动灵活,没有卡死现象。

3.主要零部件分析

(1)缸体。缸体用铝青铜制成,它上面有7个与柱塞相配合的圆柱孔,其加工精度很高,以保证既能相对滑动,又有良好的密封性能。缸体中心开有花键孔,与传动轴相配合。缸体右端面与配流盘相配合。缸体外表面镶有钢套并装在滚动轴承上。

(2)柱塞与滑履。柱塞的球头与滑履铰接。柱塞在缸体内做往复运动,并随缸体一起转动。滑履随柱塞做轴向运动,并在斜盘的作用下绕柱塞球头中心摆动,使滑履平面与斜盘斜面贴合。柱塞和滑履中心开有直径1 mm的小孔,缸中的压力油可进入柱塞和滑履、滑履和斜盘间的相对滑动表面,形成油膜,起静压支承作用,可减小这些零件的磨损。

(3)中心弹簧机构。中心弹簧通过内套、钢球和回程盘将滑履压向斜盘,使活塞得到回程运动,从而使泵具有较好的自吸能力。同时,弹簧又通过外套使缸体紧贴配流盘,以保证泵启动时基本无泄漏。

(4)配流盘。配流盘上开有两条月牙形配流窗口,外圈的环形槽是卸荷槽,与回油相通,使直径超过卸荷槽的配流盘端面上的压力降低到零,保证配流盘端面可靠地贴合。两个通孔(相当于叶片泵配流盘上的三角槽)起减少冲击、降低噪声的作用。四个小盲孔起储油润滑的作用。配流盘下端的缺口用来与右泵盖准确定位。

(5)滚动轴承。滚动轴承用来承受斜盘作用在缸体上的径向力。

(6)变量机构。变量活塞装在变量壳体内,并与螺杆相连。斜盘前后有两根耳轴支承在变量壳体上,并可绕耳轴中心线摆动。斜盘中部装有销轴,其左侧球头插入变量活塞的孔内。转动手轮,螺杆带动变量活塞上下移动(因导向键的作用,变量活塞不能转动),通过销轴使斜盘摆动,从而改变了斜盘倾角,达到了变量目的。

(三)单作用式变量叶片泵

型号:VPK-20-F-A3。

结构:如图10-4所示。

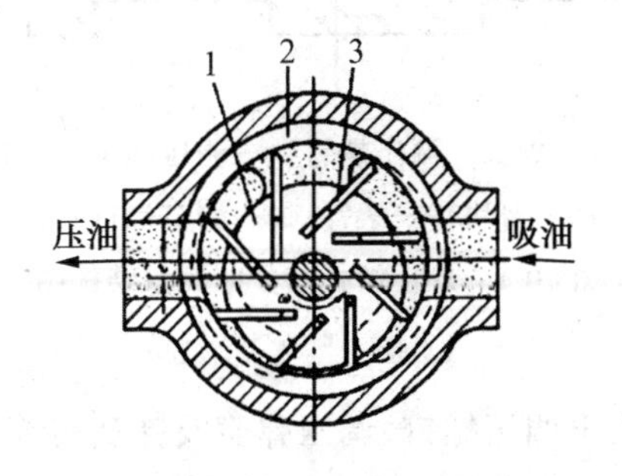

1—转子;2—定子;3—叶片。

图10-4　单作用式变量叶片泵结构图

1.工作原理

单作用式变量叶片泵主要由转子、定子、叶片和端盖等组成。定子的工作表面为圆柱形内表面，且定子和转子间有偏心距。工作时，叶片的离心力使叶片紧靠在定子内壁上，定子、转子、叶片和两侧的配油盘间形成若干个密封的工作空间。当转子按逆时针回转时，在定子腔体的右部，叶片逐渐伸出，叶片间的工作空间逐渐增大，形成了吸油条件；当它转动到油腔的左边时，叶片被定子内壁逐渐压进槽内，密封空间逐渐缩小，形成了压油条件，将油液从压油口压出。在吸油腔和压油腔之间有一段封油区，把吸油腔和压油腔隔开。这种叶片泵的转子每转一周，每个密封空间只完成一次吸油和压油，因此称其为单作用叶片泵。转子不停地旋转，泵就不断地进行吸油和压油的工作循环。单作用式变量叶片泵有内反馈式和外反馈式两种，本实验所使用的为外反馈式变量叶片泵(见图 10-5)。

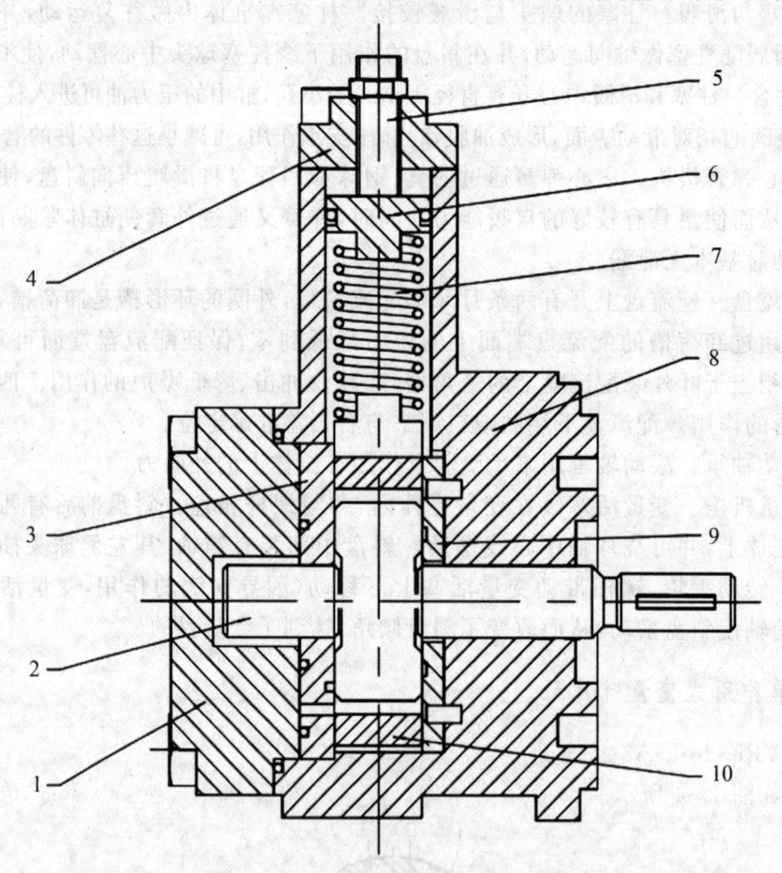

1—滚针轴承；2—传动轴；3—调压螺钉；4—调压弹簧；5—弹簧座；6—定子；
7—转子；8—滑块；9—滚针；10—调节螺钉；11—柱塞。

图 10-5 外反馈式变量叶片泵结构图

2.拆卸步骤

第一步：拆下上端盖，取出调压螺钉、调压弹簧及弹簧座等。

第二步：拆下下端盖，取出调节螺钉及柱塞。

第三步：拆下前端盖，取出滑块。

第四步:拆下连接前泵体和后泵体的螺栓,拆开前泵体和后泵体。

第五步:拆下右端盖。

第六步:取出配油盘、转子和定子。

3.主要零部件分析

(1)观察叶片的安装位置及运动情况。

(2)比较单作用式变量叶片泵定子内孔形状与双作用式定量叶片泵定子内孔形状是否相同。

(3)观察定子与转子是否同心。

(4)观察配油盘的形状并分析配油盘的作用。

(5)掌握如何调定泵的限定压力和最大偏心量。

四、思考题

(1)简述各类液压泵的工作原理和基本结构。

(2)简述各类液压泵的结构特点和使用维护。

实验十一　机械零部件测绘

机械零部件测绘就是对现有的机器或部件进行实物拆卸测量，选择合适的表达方案，绘出全部非标准零件的草图及装配草图。根据装配草图和实际装配关系，对测得的数据进行圆整处理，确定零件的材料和技术要求，最后根据草图绘制出零件工作图和装配图。机械零部件测绘在产品的设计、先进技术的引进、设备的改造和仿制等方面有着重要的意义，是工程技术人员应该掌握的基本技能。

一、实验目的

(1)掌握部件的拆装过程，了解部件的用途、工作原理和装配关系，了解各组成零件在部件中的作用。

(2)掌握绘制部件装配示意图的方法。

(3)掌握绘制零件草图的方法。

(4)掌握部件及零件的三维实体造型。

(5)掌握由三维实体零部件生成二维工程图的方法。

二、测绘方法

测绘过程是一个复杂的工作过程。它不仅仅是照实样画个图，标上尺寸就行，还要确定公差、配合、材料、热处理、表面处理、形位公差、表面粗糙度等各种技术要求，涉及面广，包含了许多设计内容在内。所以，必须要有正确的指导思想、工作步骤和方法，来具体指导测绘工作的进行，以保证高质量、高速度地完成测绘工作。

由于机器测绘的目的不同，所以测绘的程序和方法也有所不同。在实际测绘中，一般有以下几种方法和程序：

零件草图→装配图→零件工作图；

零件草图→零件工作图→装配图；

装配草图→零件工作图→装配图；

装配草图→零件草图→零件工作图→装配图。

以上几种方法各有优缺点，要按测绘要求、测绘对象复杂程度灵活采用，以达到准确、快速的目的。

三、测绘步骤

测绘零部件一般按以下步骤完成：

(1)做好测绘前的准备工作。全面细致地了解测绘对象的用途、性能、工作原理、结构特点以及装配关系等，了解测绘的目的和任务，在组织、资料、场地、工具等方面做好充分准备。

(2)拆卸零部件。对测绘的零部件进行拆卸，弄清被测零部件的工作原理和结构形状，并对零部件进行记录、分组和编号。

(3)绘制装配示意图。装配示意图是在机器或部件拆卸过程中所画的记录图样，是绘制装配图和重新进行装配的依据。它主要表达各零件之间的相对位置、装配、连接关系以及传动路线等。装配示意图的画法没有严格的规定，通常用简单的线条画出零件的大致轮廓即可。

(4)绘制零件草图。根据所拆卸的零部件，装配体中除标准件外的每一个零件都应根据零件的内、外结构特点，选择合适的表达方案画出零件草图。画零件草图一般用方格纸绘制。

(5)测量零部件。对拆卸后的零件进行测量，得到零件的尺寸和相关参数，并标注在草图上，确定零件材料。要特别注意零部件的基准及相关零件之间的配合尺寸或关联尺寸间的协调一致，对零件尺寸进行圆整，使尺寸标准化、规格化、系列化。

(6)绘制装配草图。根据装配示意图和零件草图绘制装配草图，这是测绘的主要任务。装配草图不仅要表达出装配体的工作原理、装配关系以及主要零件的结构形状，还要检查零件草图上的尺寸是否协调、干涉、合理。在绘制装配草图的过程中，若发现零件草图上的形状或尺寸有错，应及时更正。

(7)绘制零部件工作图。根据草图及尺寸、检验报告等有关方面的资料整理出成套机器图样，包括零件工作图、部件装配图、总装配图等，并对图样进行全面审查，重点放在标准化和技术要求上，确保图样质量。

☆说明☆

一、零部件测绘的准备工作

(一)零部件测绘的组织准备

零部件测绘的组织准备工作要根据测绘对象的复杂程度、工作量大小而定。复杂的测绘对象通常需要十几人甚至几十人参加，并且需花费很长时间才能完成；简单的测绘对象只需要几个人在很短时间内即可完成。就中等复杂程度的测绘对象来说，需要有一定的组织机构。在实验中，各小组负责测绘工作的组织，在全面了解测绘对象的基础上，重点了解本组所测绘的零部件在设备中的作用，以及与其他零部件之间的联系，包括配合尺寸、基准面之间的尺寸、尺寸链关系等，并作出合理的测绘工作分工。

(二)零部件测绘的资料准备

根据所承担的测绘任务,准备必要的资料,如有关国家标准、部颁标准、企业标准、图册和手册、产品说明书及有关的参考书籍等。

1.收集测绘对象的原始资料

原始资料有产品说明书(或使用说明书)等,内容包括产品的名称、型号、性能、规格、使用说明等,一般附有插图、简图,有的还附有备件一览表。

·产品样本。一般有产品的外形照片及结构简图、型号、规格、性能参数等。

·产品合格证书。标有该产品的主要技术指标。

·产品性能标签。一些工业发达国家为了使顾客能更好地了解产品性能,以产品性能标签的形式对产品进行宣传报道。产品性能标签相当于产品的身份证,其上有详细描述产品外貌、名称、型号及各项性能指标和使用情况的内容。它比广告要准确可靠,还有一定的权威性。

·产品年鉴。按年份排列汇集的、介绍某一种或某一类产品的情况及统计资料的参考书,具有较严密的连续性、技术发展性。

·产品广告。介绍产品规格性能的宣传资料,有外观照片或立体图等,对测绘有一定的参考价值。

·维修图册。一般含结构拆卸图,零部件的装配、拆卸关系一目了然。

·维修配件目录(或易损件表)。维修配件目录(或易损件表)是为提高设备完好率、统一管理和计划供应配件而编制的,主要介绍机器设备有关配件的性能数据、型号和规格,附有配件型号、规格、生产厂家、材质、质量、价格、示意图等。

其他有关测绘对象的文献资料等。

2.收集有关拆卸、测量、制图等方面的资料、图册和标准等

·有关零部件的拆卸与装配方法等的资料。

·零件尺寸的测量和公差确定方法的资料。

·制图及校核方面的资料。

·各种有关的标准资料,包括国家标准、行业标准、企业标准等。

·齿轮、螺纹、花键、弹簧等典型零件的测绘经验资料。

·标准件的有关资料。

·与测绘对象相近的同类产品的有关资料。

·机械零件设计手册、机械制图手册、机修手册等工具书籍。

·随着计算机和网络的发展,还可以通过网络收集与测绘对象有关的各种信息。

(三)零部件测绘的场地准备

测绘场地应为一个相对封闭的环境,以有利于管理和安全。除绘图设备外,还应有测绘平台,不能将零部件直接放在绘图板上,以免污损图样、发生事故、损坏零部件。擦拭好工作台,与测绘无关的东西不要放在工作场地内。为零部件准备存放用具,如储放柜、存放架、塑料箱(盘)及金属箱(盘)等,机油、汽油、黄油、防锈剂等的存放用具。

(四)零部件测绘的工具准备

- 拆卸工具。如扳手、螺丝刀、钳子等。
- 测量量具。如游标卡尺、钢板尺、千分尺及表面粗糙度等的量具、量仪等。
- 绘图用具。如绘制草图的草图纸(一般为方格纸)、画工程图的图纸、绘图工具等。
- 其他工具。如起吊设备、加热设备、清洗和防腐蚀的用油、数码照相机、摄像机等。

二、机器零件的编号

测绘的图样及技术文件的编号应根据《产品图样及设计文件编号原则》(JB/T 5054.4—1999)确定,以采用隶属编号为宜。每个产品、部件、零件的图样及设计均应有独立的代号。同一产品、部件、零件的图样用数张图样绘出时,各张图样应标注同一代号。隶属编号是按机器、部件、零件的隶属关系进行编号的。隶属编号分全隶属编号和部分隶属编号两种。

(一)全隶属编号

全隶属编号由产品代号和隶属代号组成,中间可用圆点或短横线隔开,必要时可加尾注号。全隶属码位表如表 11-1 所示。

表 11-1　全隶属码位表

码位	1	2	3	4	5	6	7	8	9	10	11	12
含义	计算机数据信息分类码位		产品代号码位		各级部件序号码位			零件序号			设计文件和产品改进码位	

表 11-1 中的前两位码位表示计算机辅助管理数据信息分类。不用的码位,可暂不编入代号中。

产品代号由字母和数字组成。隶属号由数字组成,其级数与位数应按产品结构的复杂程度而定。部件的序号应在其所属产品或上一级部件的范围内编号。零件的序号应在其所属产品或部件的范围内编号。设计文件和产品改进由字母组成的尾注号表示。如改进尾注号与设计文件尾注号(参见表 11-2)同时出现时,两者所用字母应予区别,改进尾注号在前,设计尾注号在后,并在两者之间空一字间隔(或加一短线),示例如图 11-1 所示。

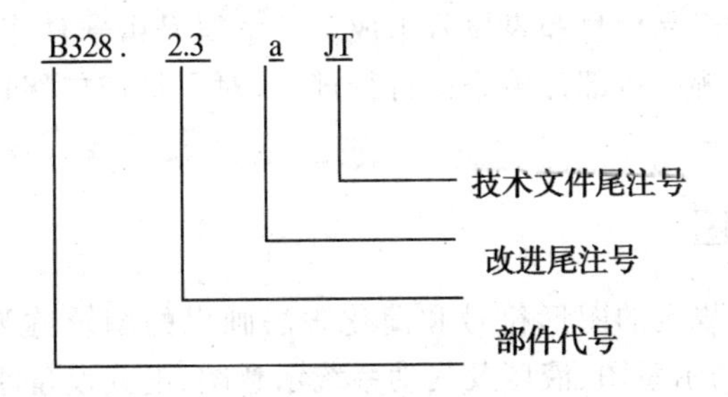

图 11-1　全隶属编号示例

表 11-2 常用设计文件尾注号

序号	名称	代号	字母含义
1	技术任务书	JR	技任
2	技术建议书	JJ	技建
3	研究试验大纲	SG	试纲
4	研究试验报告	SB	试报
5	计算书	JS	计书
6	技术设计说明书	SS	设说
7	型式试验报告	XS	型试
8	试用(运行)报告	SY	试用
16	通(借)用件汇总表	T(J)Y	通(借)用
17	外购件汇总表	WG	外购
18	标准件汇总表	BZ	标准
19	技术条件	JT	技条
20	产品特性值重要度分级表	CZ	产重
21	设计评审报告	SP	设评
22	使用说明书	SM	说明
23	合格证(合格说明书)	ZM	证明
24	质量证明书	ZZ	质证
25	装箱单	ZD	装单

全隶属编号一般分为一级部件、二级部件和三级部件。各级部件及直属零件的编号如下:

产品代号:8328.0,一级部件编号:8328.2,二级部件编号:8328.2.1,三级部件编号:8328.2.1.1,产品直属零件编号:8328-1,一级部件所属零件编号:8328.2-1,二级部件所属零件编号:8328.2.1-1,三级部件所属零件编号:8328.2.1.1-1。

(二)部分隶属编号

部分隶属编号由产品代号和隶属号组成。其隶属号由部件序号及零件、分部件序号组成。部件序号编到哪一级部件由企业自行规定,对一级或二级以下的部件(称分部件)与零件混合编序号。

三、装配示意图

采用国家标准中规定的图形符号和简化画法画出的图统称为示意图。示意图一般分为装配示意图、传动示意图、液压及气动系统示意图、电气设备原理示意图等。

装配示意图是以规定的代号及简化画法绘成的,能简要而清楚地表达机器的整体布局、传动系统、工作原理和机器结构，以及仪表、电器管路等的相对关系和相互联系等。其绘制简单迅速，图形简明易懂，是部件测绘过程中一种很有用的辅助图样。

装配示意图是在部件拆卸过程中所画的记录图样，分为总体装配示意图（总体示意图）和结构装配示意图（结构示意图）。前者以表达机器设备中各组成部分的相对位置和总体布局为主，后者则以表达各零件的装配位置关系、连接方式和工作原理为主。

装配示意图是一种比较粗略的图样，虽然其画法仍以正投影为基础，但并没有遵循严格的投影关系。

绘制装配示意图时，需注意以下内容：

• 装配示意图是把部件设想为透明体而画出的，在这种图上既要画出外部轮廓，又要画出内部构造，但它既不同于外形图，也不是剖视图。

• 装配示意图是使用规定代号及示意画法画出的图，所以各零件只画总的轮廓，或用单线条表示。一些常用零件及构件的规定代号可参阅国家标准中有关机械制图的机构运动简图符号内容（见表 11-3）。

• 装配示意图一般只画一两个视图，而且两接触面之间要留出间隙，以便区分零件。

• 装配示意图各部分之间应大致符合比例，个别零件可酌情放大或缩小。

• 装配示意图允许采用加粗线条等手法，使其形象化，必要时也可采用展开画法。

• 装配示意图上的内外螺纹均采用示意画法。螺纹配合处可将内、外螺纹全部画出，也可只将外螺纹画出。

• 装配示意图一般按零件顺序编号，将零件名称写于序号后或图纸适当位置，也可按拆卸顺序编号，并在零件编号处注明零件名称及件数。

注意：在实际测绘过程中，应首先对零件进行编号，记下零件的名称、数量等，以便防止零件散失。

表 11-3　部分零件及构件符号

名称	基本符号	名称	基本符号
机架	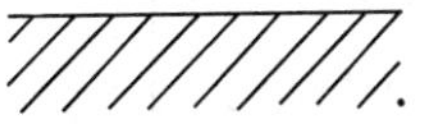	轴、杆	
组成部分与轴的固定连接	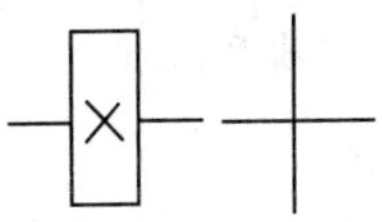	圆柱齿轮	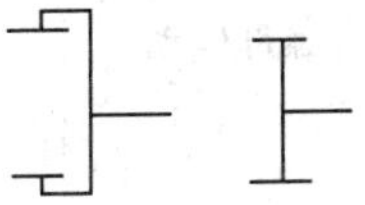
圆锥齿轮	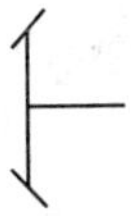	圆柱齿轮传动	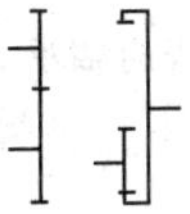

续表

名称	基本符号	名称	基本符号
圆锥齿轮传动		蜗轮蜗杆传动	
齿条传动		固定联轴器	
可移式联轴器		弹性联轴器	
可控啮合式离合器		单向摩擦离合器	
双向摩擦离合器		皮带传动	
链传动		螺杆整体螺母传动	
开合螺母传动		向心滚动轴承	
单向推力普通轴承		双向推力普通轴承	

续表

名称	基本符号	名称	基本符号
推力滚动轴承		单向向心推力普通轴承	
双向向心推力普通轴承		向心推力滚动轴承	
压缩弹簧		拉伸弹簧	

下面以安全阀为例进行介绍。

安全阀又称回油阀，是装在供油管路上的安全装置，用以自动调节液体的压力，使其保持在一定范围内，如图 11-2 所示。

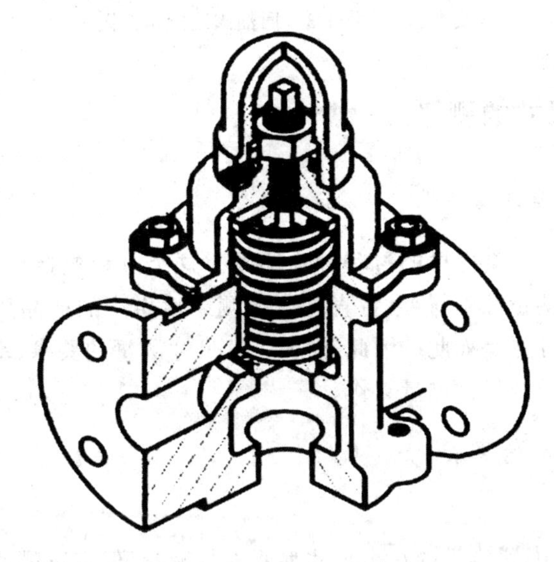

图 11-2　安全阀的用途及工作原理

工作原理：在正常工作状态下，阀门靠弹簧的压力处于关闭位置，此时油从阀门右孔流入，经阀门下部进入管路。当管路中的油液由于某种原因增高而超出弹簧压力时，油液就会顶开阀门，沿阀门的左端孔流回油箱，以保证管路的安全。弹簧压力的大小靠螺杆调节。为防止螺杆松动，在螺杆上部用螺母并紧。罩子用来保护螺杆，阀门两侧有小圆孔，其作用是使进入阀门内腔的油流出来。阀门的内腔底部有螺孔，是供拆卸时用的。阀体与阀盖用 4 个螺柱连接，中间有垫片，以防漏油。

安全阀的装配示意图如图 11-3 所示。

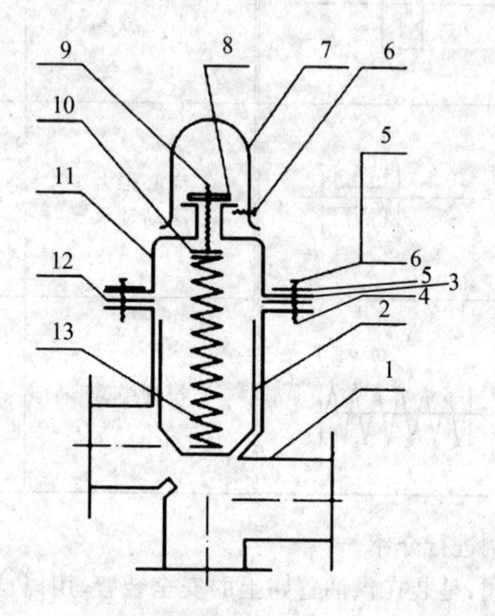

1—阀体；2—阀门；3—螺柱 M12X35；4—螺母；5—垫圈；6—螺钉；7—罩子；8—螺母；9—螺杆；10—弹簧垫；11—阀盖；12—垫片；13—弹簧。

图 11-3　回油阀装配示意图

四、零件尺寸的测量

(一)尺寸测量的重要性

由实样到绘出全套图样的过程称为测绘。这个过程包括尺寸测量和绘图两项基本内容。零件尺寸测量准确与否，将直接影响测绘后生产的产品质量，特别是对于某些关键零件的重要尺寸更是如此。因此，需要了解尺寸测量的要求、掌握尺寸测量的方法，在测绘过程中充分重视尺寸测量工作。

(二)尺寸测量的要求

1.心中有数

在测绘过程中，对零件的每个尺寸都要进行测量，但究竟哪些由计量室计量，哪些由测绘者自己量取，计量到何等精确程度，哪些形位误差需要计量等，都必须做到心中有数。

一般情况下，关键件、基础件、大零件的全部尺寸最好由计量室测量；形位公差原则上根据功用确定；一些非关键件的某些重要尺寸，以及齿轮、花键、螺纹、弹簧等的主要几何参数，也应由计量室测量。

非功能尺寸的测量(即在图样上不需注出公差的尺寸)一般不必送计量室，只需用普通量具测到小数点后一位即可。对于功能尺寸(包括性能尺寸、配合尺寸、装配定位等)及形位误差，则应测到小数点后三位，至少也应测到小数点后两位。

2.仔细认真

测量工作要特别注意仔细、认真，不能马虎，应坚持做到“测得准、记得细、写得清”。

“测得准”：应在测量前就确定测量方法，检验和校对测量用具和仪器，必要时需设计专用测量工具。

“记得细”：在测量过程中，一定要详细记录原始数据，不仅要记录测量读数，而且要记录测量方法、测量用具和零件装配方法。对于非直接测量得到的尺寸，还应画出测量简图，指明测量基准，确定换算方法，记下计算公式。

“写得清”：在测量草图或专用记录本上，将上述各项内容，特别是测量数据要写得清清楚楚、准确无误。

(三)尺寸测量的方法

1.直线尺寸的测量

直线尺寸可以用直尺、游标卡尺或千分尺量得，也可用外卡钳测量，如图 11-4 所示。

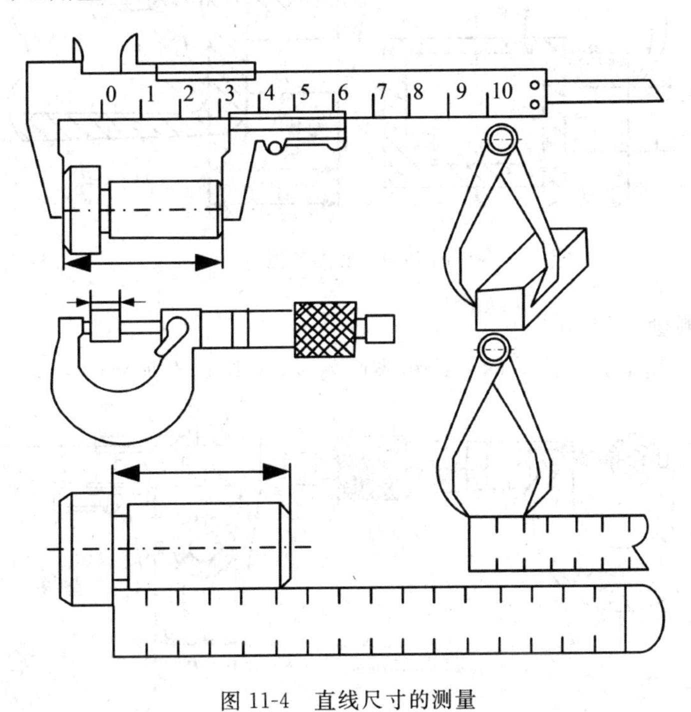

图 11-4　直线尺寸的测量

2.直径的测量

直径可用内、外卡钳进行测量，但测绘中常用游标卡尺测量，对于精密零件则用千分尺测量，如图 11-5 所示。

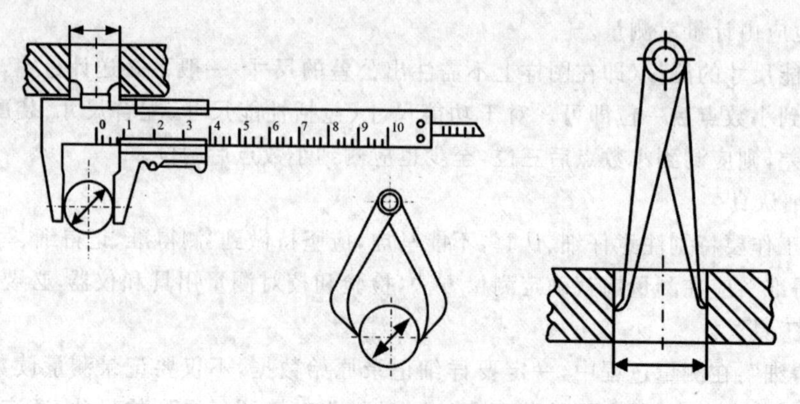

图 11-5　直径的测量

3.壁厚的测量

可以采用直尺和外卡钳相结合的方法测量壁厚尺寸,也可以采用游标卡尺和垫块相结合的方法测量,如图 11-6 所示。

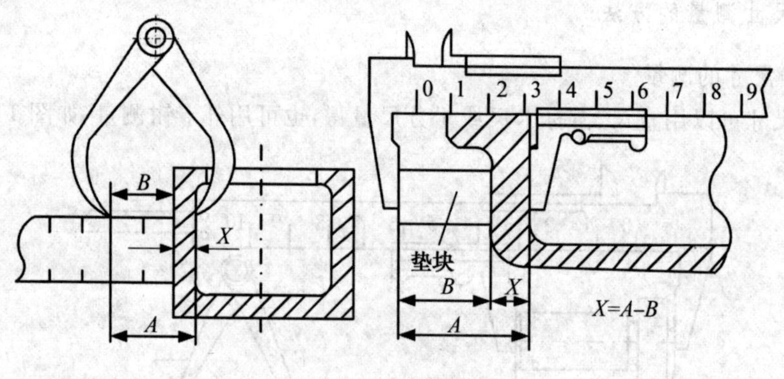

图 11-6　壁厚的测量

4.深度的测量

键槽深度可用千分尺或游标卡尺和垫块测量,如图 11-7 所示。

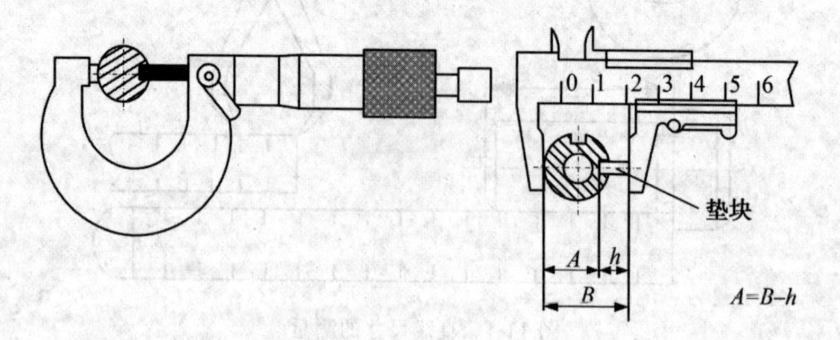

图 11-7　深度的测量(一)

一般深度可以用直尺、带有尾伸杆的游标卡尺或深度尺直接测量,如图 11-8 所示。

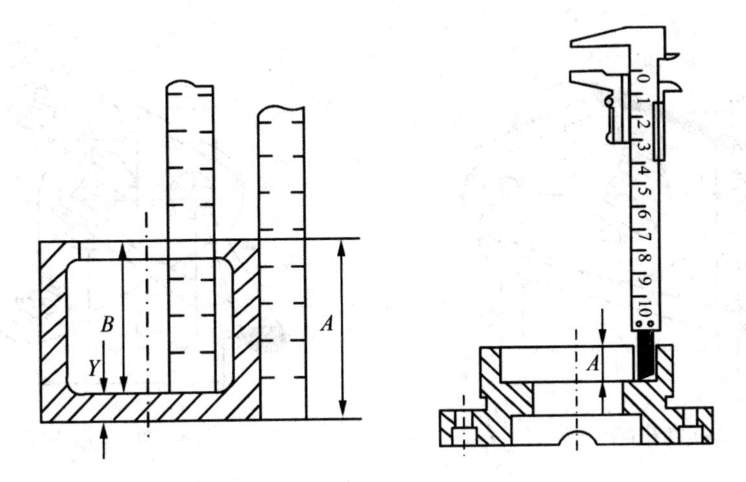

图 11-8　深度的测量(二)

5.中心高的测量

回转体中心高可用内卡尺和直尺结合的方法测量,如图 11-9 所示。

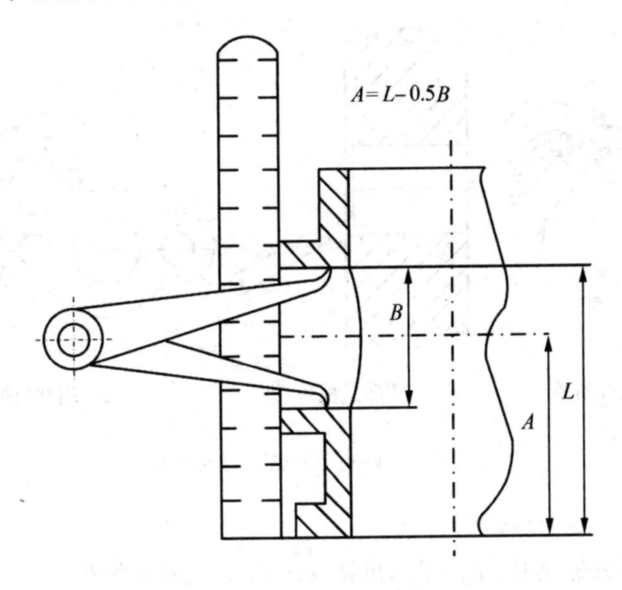

图 11-9　中心高的测量

6.两孔中心距的测量

如图 11-10(a)所示,当两孔直径相等时,可先测出 K 及 d,则两孔的中心距 $A=K+d$。如图 11-10(b)所示,当两孔的直径不相等时,可先测出 K 及两孔直径 D 和 d,则两孔中心距 $A=K-(D+d)/2$。

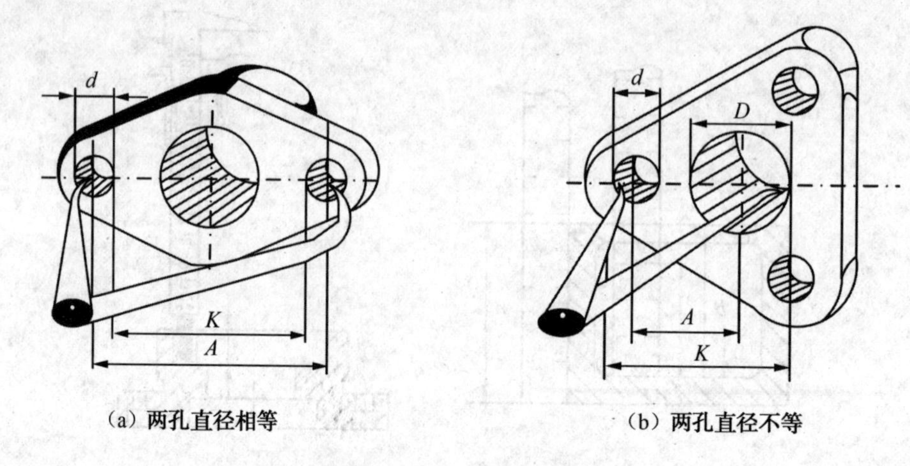

(a) 两孔直径相等　　(b) 两孔直径不等

图 11-10　两孔中心距的测量

7.圆角和圆弧半径的测量

加工圆角和一般铸造圆角的半径可用圆角规直接进行测量,如图 11-11 所示。

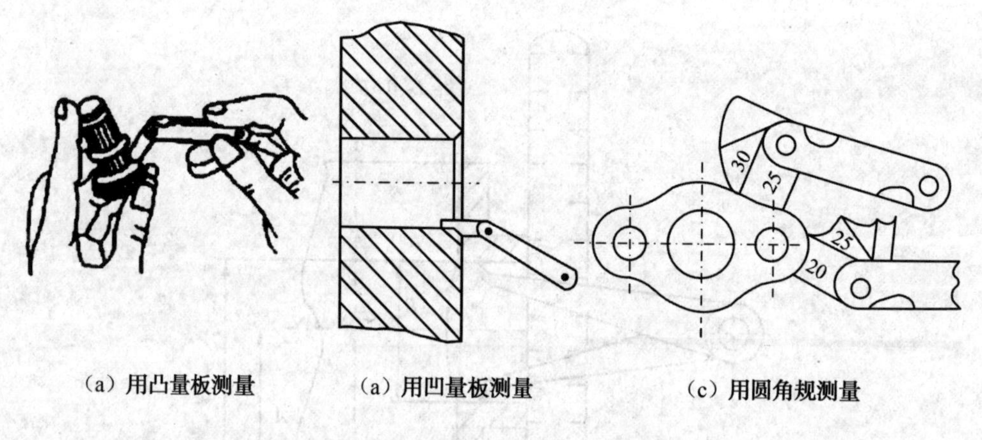

(a) 用凸量板测量　　(a) 用凹量板测量　　(c) 用圆角规测量

图 11-11　圆角和圆弧半径的测量

8.螺纹的测量

测量零件上的外螺纹时,主要是测出螺纹的牙型、大径和螺距。

螺距的测量:测量连接用螺纹的牙型和螺距时,常采用螺纹规进行测量,如图 11-12(a)所示。测量时,在螺纹规上找出能与被测的螺纹完全吻合的钢片,直接读出螺距即可。在没有螺纹规的情况下,对于外螺纹可直接用钢尺测量螺距或将零件上的螺纹压在纸上,再用钢尺测量印痕的距离即可。

螺纹大径的测量:对外螺纹可直接使用游标卡尺测量,如图 11-12(b)所示。对于内螺纹,可用游标卡尺测量其小径,再根据螺纹牙型、螺距和小径,从有关制图标准中确定螺纹的大径。测出螺纹的螺距和大径后,即可根据有关手册查找螺纹标准,确定螺纹的尺寸。若精度要求较高,一般在专用测量仪器上进行。

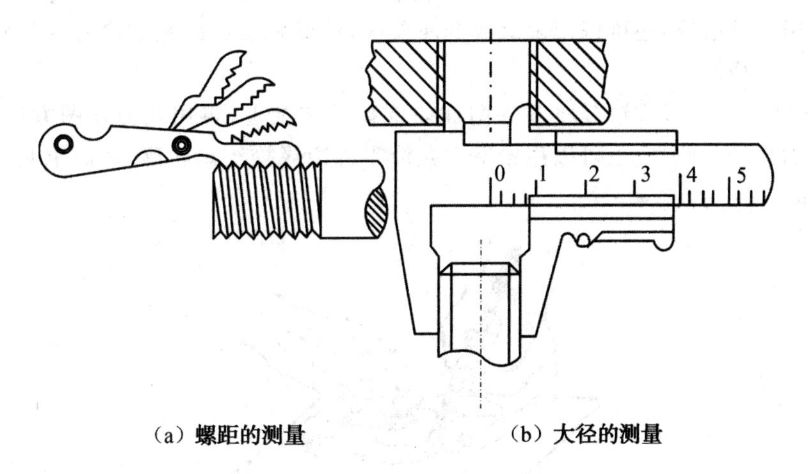

图 11-12　螺纹的测量

9.角度的测量

角度通常使用万能角度尺(万能游标量角器)进行测量,如图 11-13 所示。

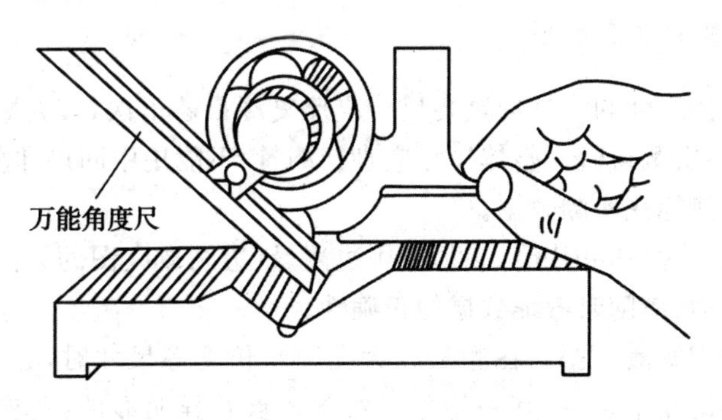

图 11-13　角度的测量

10.曲线和曲面的测量

在测定某些具有曲线轮廓的零件时,应设法测出该曲线轮廓的全部圆弧半径。一般情况下,可采用的测量方法为铅丝法(或样板法)和拓印法。

(1)铅丝法(或样板法)。将铅丝弯成与被测的曲线部分相吻合的形状,然后将铅丝放在纸上画出曲线,并将该曲线分段,用中垂线法求得各段圆弧的中心,再测得其半径,如图 11-14 所示。

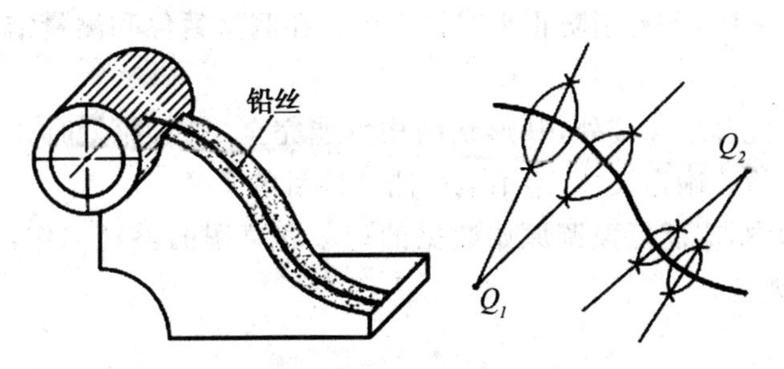

图 11-14　铅丝法测量曲率半径

除了用铅丝法外,还可以用硬纸或金属薄板,剪成和实物的轮廓吻合的形状,再按上述方法求得半径。

(2)拓印法。这种方法是将零件曲面轮廓拓印在纸上,再用几何作图方法求出每一部分曲线的半径。此外,也可以用铅笔直接沿零件边缘描绘出轮廓,然后求其半径,如图11-15所示。

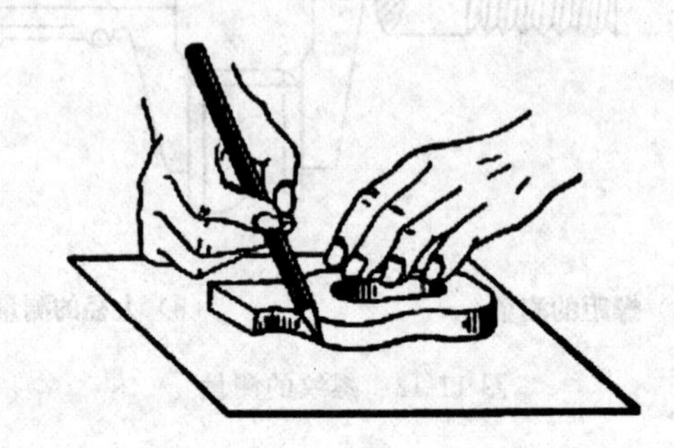

图11-15 用铅笔直接描绘出曲面轮廓法求曲率半径

(四)尺寸测量的注意事项

(1)关键零件的尺寸和零件的重要尺寸应反复测量若干次,直到数据稳定可靠,然后记录其平均值或各次测得值。整体尺寸应直接测量,不能用中间尺寸叠加而得。

(2)草图上一律标注实测数据。

(3)对于复杂零件,如叶片等,必须采用边测量、边画放大图的方法,以便及时发现问题。对配合面、型面,应随时考证数据的正确性。

(4)要正确处理实测数据。在测量较大孔、轴、长度等尺寸时,必须考虑其几何形状误差的影响,应多测几个点,取其平均数。对于各点差异明显的,还应记其最大值、最小值,但必须分清这种差异是全面性的,还是局部性的。例如,圆柱面上很短圆周的凹凸现象、圆柱面端头的微小锥度等,只能记为局部差异。

(5)测量数据的整理工作,特别是间接测量的尺寸数据整理,应及时进行,并将换算结果记录在草图上。对重要尺寸的测量数据,在整理过程中如有疑问或发现矛盾和遗漏,应立即提出重测或补测。

(6)测量时,应确保零件的自由状态,防止由于装夹或量具接触压力等造成零件变形,引起测量误差。对组合前后形状有变化的零件,应掌握其前后的差异。

(7)在测量过程中,要特别防止小零件丢失。在测量暂停和测量结束时,要注意零件的防锈。

(8)两零件在配合或连接处,其形状结构可能完全一样,测量时亦必须各自测量,分别记录,然后相互检验确定尺寸,绝不能只测一处简单完事。

(9)测绘过程中,应反复强调原始数据的记录和草图的整理工作,以及积累资料、建立技术档案的重要性。

(10)测量的准确程度和该尺寸的要求相适应，所以计量人员必须首先弄清图上待测尺寸需要的精度，然后选定测量工具。测量工具本身的精确度要与零件所要求的精确度相适应。表11-4列出了千分表、千分尺及游标卡尺的合理使用范围，作为测绘时选择量具精度的参考。

表11-4　千分表、千分尺及游标卡尺的合理使用范围

名称	单位刻度值	量具精确度	工件的公差等级											
			IT5	IT6	IT7	IT8	IT9	IT10	IT11	IT12	IT13	IT14	IT15	IT16
千分表	0.001													
	0.005													
	0.01	0级												
		1级												
		2级												
千分尺	0.01	0级												
		1级												
		2级												
游标卡尺	0.02													
	0.05													
	0.1													

(11)对测量工具和仪器要注意保管和合理使用，以保持其准确度。

五、测绘中的尺寸圆整

由于零件存在着制造误差、测量误差以及使用中的磨损，按实际测量的尺寸往往不成整数，绘制零件工作图时，根据零件的实测尺寸值推断原设计尺寸的过程称为尺寸圆整，包括尺寸和尺寸公差两方面内容。

尺寸圆整不仅可以简化计算、清晰图面，更主要的是可以用来标准化刀具、量具和标准配件，提高测绘效率，缩短设计和加工周期，提高劳动生产率，从而获得良好的经济效益。在机器测绘中，常用的两种圆整方法为设计圆整法和测绘圆整法。测绘圆整法还涉及公差配合的确定。

设计圆整法是最常用的一种尺寸圆整法，其方法步骤基本上是按设计的程序，即以实测依据，参照同类产品或类似产品的配合性质及配合类别，确定基本尺寸和尺寸公差。

尺寸圆整首先进行数值优化。数值优化是指各种技术参数数值的简化和统一，即设计制造中所使用的数值，为国标推荐使用的优先数。数值优化是标准化的基础。

(一)优先数和优先数系

在工业产品的设计和制造中，常常要用到很多数，当选定一个数值作为某产品的参

数指标时，这个数值就会按一定的规律向一切有关制品和材料中的相应指标传播。例如，若螺纹孔的尺寸一定，则其相应的丝锥尺寸、检验该螺纹孔的塞规尺寸以及攻丝前的钻孔尺寸和钻头直径也随之确定，这种情况称为数值的传播。

对各种技术参数值进行协调、简化和统一是标准化的重要内容，优先数和优先数系就是对各种参数数值进行协调、简化和统一的科学数值制度。

国标《优先数和优先数系》(GB/T 321—2005/ISO 3:1973)规定的优先数系是由公比为1.6、1.26、1.12、1.06，且项值中有10的整数幂的理论等比数列导出的一组近似等比的数列。各数列分别用符号R5、R10、R20、R40和R80表示，称为R5系列、R10系列、R20系列、R40系列和R80系列。其中，前四个系列是常用的基本系列，R80系列为补充系列，如表11-5所示。前四个系列的公比分别为：

R5系列的公比：$q_5=\sqrt[5]{10}=1.5849\approx1.6$；

R10系列的公比：$q_{10}=\sqrt[10]{10}=1.2589\approx1.26$；

R20系列的公比：$q_{20}=\sqrt[20]{10}=1.1220\approx1.12$；

R40系列的公比：$q_{40}=\sqrt[40]{10}=1.0593\approx1.06$；

R80系列的公比：$q_{80}=\sqrt[80]{10}=1.02936\approx1.03$。

优先数系中的任一个项值均为优先数，采用等比数列作为优先数系可使相邻两个优先数的相对差相同，且运算方便，简单易记。

表11-5 优先数系的基本系列(GB/T 321—2005/ISO 3:1973)

R5	R10	R20	R40	R5	R10	R20	R40	R5	R10	R20	R40
1.00	1.00	1.00	1.00			2.24	2.24		5.00	5.00	5.00
			1.06				2.36				5.30
		1.12	1.12	2.50	2.50	2.50	2.50			5.60	5.60
			1.18				2.65				6.00
	1.25	1.25	1.25			2.80	2.80	6.30	6.30	6.30	6.30
			1.32				3.00				6.70
		1.40	1.40		3.15	3.15	3.15			7.10	7.10
			1.50				3.35				7.50
1.60	1.60	1.60	1.60			3.55	3.55		8.00	8.00	8.00
			1.70				3.75				8.50
		1.80	1.80	4.00	4.00	4.00	4.00			9.00	9.00
			1.90				4.25				9.50
	2.00	2.00	2.00			4.50	4.50				
			2.12				4.75	10.00	10.00	10.00	10.00

按公比计算出的优先数的理论值一般都是无理数，工程上不能直接应用，实际应用的是经过圆整后的常用值和计算值。常用值是经常使用的、通常所称的优先数，取三位有效数字；计算值取五位有效数字，供精确计算用。表 11-5 列出了 1～10 范围内基本系列的常用值。将这些值乘以 10、100……或乘以 0.1、0.01……即可向大于 1 和小于 1 两边无限延伸，得到大于 10 或小于 1 的优先数。每个优先数系中，相隔 r 项的末项与首项相差 10 倍；每个十进制区间中各有 r 个优先数，例如 R5 系列在 1～10 这个十进制区间有 1、1.6、2.5、4、6.3 这五个优先数。

优先数系的应用举例如下：

(1)用于产品几何参数、性能参数的系列化。通常，一般机械的主要参数按 R5 系列或 R10 系列，如立式车床主轴直径、专用工具的主要参数尺寸都按 R10 系列；锻压机床吨位采用 R5 系列。

(2)用于产品质量指标分级。在本教材所涉及的有关标准里，诸如尺寸分段、公差分级及表面粗糙度参数系列等，基本上采用优先数。

选用优先数系基本系列时，应遵守先疏后密的规则，即应当按照 R5、R10、R20、R40 的顺序，优先采用公比较大的基本系列，以免规格过多。设计任何产品时，其主要尺寸及参数应有意识地采用优先数，使其在设计时就纳入标准化。

(二)常规设计的尺寸圆整

常规设计是指标准化的设计，以方便设计制造和良好的经济性为主。常规设计的尺寸圆整时，一般都应将全部实测尺寸按 R10 系列、R20 系列、R40 系列圆整成整数，对于配合尺寸按照国家标准圆整成整数。

(三)非常规设计的尺寸圆整

基本尺寸和尺寸公差数值不一定都是标准化数值。尺寸圆整的一般原则是：性能尺寸、配合尺寸、定位尺寸在圆整时，允许保留到小数点后一位，个别重要的和关键性的尺寸允许保留到小数点后两位，其他尺寸则圆整为整数。

将实测尺寸圆整为整数或带一、两位小数时，尾数删除应采用四舍六入五单双法，即尾数删除时，逢四以下舍，逢六以上进，遇五则以保证偶数的原则决定进舍。

例如：19.6 应圆整成 20(逢六以上进)，25.3 应圆整成 25(逢四以下舍)，67.5 和 68.5 都应圆整成 68(遇五则保证圆整后的尺寸为偶数)。

(1)轴向功能尺寸的圆整。零件的制造和测量误差是由系统误差和随机误差构成的，随机误差符合正态分布曲线。因此当轴向功能尺寸(例如参与轴向装配尺寸链的尺寸)圆整时，可假定零件的实际尺寸位于零件公差带的中部，即当尺寸仅有一个实测值时，可将该实测值当成公差中值；同时尽量将基本尺寸按照优先数系圆整成整数，并保证所给公差在 IT9 级以内，公差值采取单向或双向公差。当该尺寸在尺寸链中属孔类尺寸时取单向正公差(如$30^{0}_{-0.052}$ mm)；属轴类尺寸时，取单向负公差属长度尺寸，采用双向公差(如 30±0.026 mm)。

(2)非功能尺寸的圆整。非功能尺寸即一般公差的尺寸(未注公差的线性尺寸)，它包含功能尺寸外的所有非配合尺寸。

圆整这类尺寸时，主要是合理确定基本尺寸，保证尺寸的实测值在圆整后的尺寸公差范围之内，并且圆整后的基本尺寸符合国家标准规定的优先数、优先数系和标准尺寸，除个别外，一般不保留小数。例如，8.03 圆整为 8，30.08 圆整为 30 等。对于另外有其他标准规定的零件直径如球体、滚动轴承、螺纹等，以及其他小尺寸，在圆整时应参照有关标准。

至于这类尺寸的公差，即未注公差尺寸的极限偏差一般规定为 IT12 级至 IT18 级。

六、测绘中的尺寸协调

一台机器或设备通常由许多零件、组件和部件组成，所以测绘时不仅要考虑部件中零件与零件之间的关系，而且还要考虑部件与部件之间、部件与组件或零件之间的关系。在标注尺寸时，必须把装配在一起的或装配尺寸链中有关零件的尺寸一起测量，测出结果加以比较，最后一并确定基本尺寸和尺寸偏差。

七、标准件和标准部件的处理方法

(一)标准件在测绘中的处理方法

螺栓、螺钉、螺母、垫圈、挡圈、键和销、三角胶带等，它们的结构形状、尺寸都已经标准化，并由专门工厂生产，因此测绘时对标准件不需要绘制草图，只要将它们的主要尺寸测量出来，查阅有关设计手册，就能确定它们的规格、代号、标注方法和材料、质量等，然后将其填入标准件明细表中。标准件明细表如表 11-6 所示。

表 11-6 标准件明细表

序号	名称及规格	材料	数量	单重	用途	标准号

(二)标准部件在测绘中的处理方法

标准部件包括各种联轴器、滚动轴承、减速器、制动器、气动元件、液压元件等。对标准部件同样也不绘制草图，要将它们的外形尺寸、安装尺寸、特性尺寸等测出后，查阅有关标准部件手册，确定出标准部件的型号、代号等，将它们汇总后填入标准部件明细表中。标准部件明细表如表 11-7 所示。

表 11-7　标准部件明细表

序号	名称	规格、性能	数量	质量	标准代号

参考文献

[1]廖希亮，张敏.计算机绘图[M].北京：清华大学出版社，2011。

[2]张建红，张洪涛.机械测绘[M].西安：西安交通大学出版社，2013。

[3]张展.机械传动的测绘技术及实例[M].北京：机械工业出版社，2011。

[4]薛岩，于明.机械加工精度测量及质量控制[M].北京：化学工业出版社，2016。

[5]赵月望.机械制造技术实践[M].北京：机械工业出版社，2000。

[6]谢羽.实用工具手册[M].上海：上海科学技术出版社，2016。

[7]徐鸿本.实用五金大全[M].武汉：湖北科学技术出版社，2004。

[8]葛培琪，毕文波，朱振杰.机械综合实验与创新设计[M].武汉：华中科技大学出版社，2016。